《擴增人類》各界讚譽

《擴增人類》,就像其作者,對人類全體的未來有著深刻的洞察力、一樣鼓舞人心,且充滿關懷。這本書引導你一起想像與建置寫意的新現實。任何想要知道接下來會有哪些新事物的人,都必須一讀此書。

—*Soraya Darabi*
企業家和投資者,*Trailmix Ventures* 創始人

本書概述了增強人類能力的各種不同方法,以及擴增之後的能力如何用來創造溝通和敘述故事的新方式。《擴增人類》探索這種新媒介的無盡可能性。

—*Jody Medich*
Singularity University Labs 設計總監

這是我所見過最詳盡且實用的擴增實境(Augmented Reality)指南。我不僅學到很多東西,也會將之用在我們的工作上。

—*Stefan Sagmeister*
Sagmeister & Walsh Inc・設計師與共同創始人

擴增人類
科技如何塑造新現實

Augmented Human
How Technology Is Shaping the New Reality

Helen Papagiannis 著

黃銘偉 譯

目錄

前言

當 Helen 告知她正在撰寫《擴增人類：科技如何塑造新現實》，我就跟她說我自願幫她寫前言（其實是我懇求她讓我寫的）。那時，我尚未讀過手稿，只是大略知道她會說些什麼，但基於 Helen 的學術聲望和一向深思熟慮的作風，我確信她對於新興的擴增實境（augmented reality）科技及其增強人類能力的應用會有洞察力十足的看法和深刻的見解。

從過去到現在，已有許多人共同投注心力於此，期望創造出這個新的媒介。多年來它單純被視為一種新奇的事物，或者還在尋找適用問題的解決方案，對於大眾的吸引力還不足以讓它到達廣為採用的臨界點，那是獲得充分投資和注意力以讓 AR 在經濟上變得可行而普及的必要條件。我之所以有資格寫這篇前言，是因為我撐過了 AR 技術發展初期的艱辛路程，而有了 AR 科技開拓者的這種（或許受之有愧的）美名。

就我個人而言，這段旅程始於 52 年前，當時的我是美國空軍的軍官，服務於 Wright-Patterson 空軍基地，負責為戰鬥機和其他的軍用載具設計更好的駕駛艙。我要解決的問題是，如何在駕駛員大腦和他們要操作的複雜系統之間取得應有的雙向頻寬，特別是在高度緊張且危險的環境底下。就是這個問題促使我開始研究擴增實境相關的方法，希望讓駕駛員更能感知他們與飛行器之間的關係，以及真實世界的情況。主要的想法是以虛擬影像的形式組織並描繪資訊，再透過頭盔等穿戴裝置將之疊加在真實世界上。後來我擴充了這個計畫，將虛擬實境（virtual reality）納入其中。

現在 AR 與 VR 技術終於逐漸成熟（花的時間比我想像的還要多），我作為工具建造者的角色也接近尾聲了，該是時候接力給 Helen 及她同世代的人，讓他們運用這些工具來做些有用的事情。建置新的媒介是一回事，將訊息放到該媒介上則是另外一回事。最終，更重要的會是那些訊息。

如我所預期的，Papagiannis 博士在這本權威性專著中所做的分析非常地出色，它是一本簡短但有力的好書。她描述了當我們提到各種形式（modalities）的擴增實境時，到底指的是什麼，還發展出一種分類法來幫助我們將不同的應用歸類，並向我們介紹其內容和應用（連同它們的開創者），為我們今後的討論奠定了基礎，但她所做的遠不僅於此。梳理脈絡的過程中，Helen 帶領我們了解到 AR 將不會是一般的事業。重點不在於新的媒介，而是增強人類的能力（augmenting humans）。它不是要讓我們隔絕於真實世界的體驗之外，像電視、電影，甚或虛擬實境所訴求的那樣，而是要讓科技能夠融入真實世界，並在那種全面的混合體驗中，提升我們的能力。從這個角度來看，她向我們展示了 AR 有辦法賦予我們更強的威能，但我們必須擴展思維（以及想像力），廣泛地探討這種能力的擴增在未來將如何影響身為人類所代表的意義。

討論到 AR 媒介所傳遞的訊息時，會有許多新的自由度（degrees of freedom）可循，例如非線性的故事敘述（non-linear storytelling），甚至是改變了物理體驗的替代現實（alternative realities）。正如 Helen 所解釋的，我們必須捨棄過去了解真實世界並與之互動時所用的舊有規則。當我們擁抱這些新的體驗和它們的重要性，她預見了我們將解開束縛，釋放發現、創意和想像力的激流，以及在未來的日子裡，身為擴增人類可能意味著什麼。當然，這裡所說的並非最終定論，但卻是我們展開人類能力擴增這個長程冒險必要且基本的試金石。

我特別欣賞 Helen 敏銳地提出的這個洞見：藝術家（artists，或如她所稱呼的「wonderment operators」,「驚奇操縱者」）將扮演促進突現（emergence）發生的刺激物。我自己的經驗是，沒有單一社群能夠獨占這個領域，在那裡工程師和電腦科學家的分量將與說書人（storytellers）和藝術家不分上下。我們會記得而且會改變我們的，是經驗。希望這個技術（我的貢獻）會變成「隱形」的，不會妨礙我們的體驗。

我深受 Helen 在本書結論中最後的叮嚀所感動：作為一個文明，我們必須齊心努力，運用我們時代的工具讓人類全體向上提升，在這個世界啟發正面的改變。因為到頭來，我們都得回答這個問題：能力的擴增，有讓我們活得更好嗎？

—*Tom Furness*
AR/VR 始祖及 Virtual World Society 創始人
於西雅圖
2017 年 7 月 16 日

序

為何我要寫這本書？

十二年前，我初次窺見了擴增實境（Augmented Reality，AR）作為新通訊媒介的強大威力。看起來就像純粹的魔法：一個虛擬的 3D 立方體就出現在我身體周圍，令人驚嘆不已。那個擴增方塊的展示在當時並非互動式的（除了待在那之外，它什麼都不做），然而，那點燃了我對 AR 將如何演進和變化的想像力之火。在那個瞬間，我就決定要將我創作、研究和公開演說的能量都投注在這種因為 AR 而變得可能的新體驗。

我寫這本書，是因為我逐漸察覺到，我們不能把注意力都放在單純的技術上，也要著手製作引人入勝的 AR 內容和有意義的體驗。本書就是要探索這些關鍵想法和 AR 所能提供的非凡新現實。現在正是開始想像、設計並建造我們奇幻未來的好時機。

隨著 AR 技術的進步，我們必須自問：要如何設計 AR 體驗來豐富使用者的生活，讓它更舒適更美好？ MIT 媒體實驗室創始人 Nicholas Negroponte 曾 說：「Computing is not about computers anymore. It is about living. 」（電腦運算的主角不再是電子計算機，而是生活）。AR 的重點也不再是技術，而是在真實世界中生活，以人類為中心，創造虛幻但有意義的體驗。本書的主題即為 AR 將如何充實我們的日常生活，並以前所未見的方式拓展人類文明。

誰應該閱讀本書

全新媒介的出現，並不是太常見的事情。如果你是自造者、實作者或探索者，有興趣在尚無跡可循的新大陸開拓路徑，並想要對這個快速發展的產業做出貢獻，你就應該閱讀這本書。作為明智的消費者，如果你想搶先一窺這些新的體驗將如何改變我們生活、工作與娛樂的方式，你也應該閱讀本書。

如果你是對 AR 所帶來的可能性感到好奇且興奮的設計師、開發人員、創業家、學生、教育工作者、商業領袖、藝術家,或科技愛好者,你也會想要閱讀本書。如果你致力於設計並支援帶有深刻人類價值 AR 體驗,期望對人類文明的提升發揮意義深遠的影響力,那你也會是本書合適的讀者。

閱讀本書不需要任何的 AR 預備知識,但若要從本書獲得最大效益,我確實推薦你親身一試 AR 體驗(最好嘗試多種),包括本書在各章節中提到的那些範例。

本書導覽

本書的組織方式如下:

第 1 章回顧源自 1997 年的 AR 傳統定義,再加以闡述今日的 AR 正在如何變化,及未來可能的發展。這章介紹了新一波的 AR 技術,它們能幫助我們以新的方式理解空間,提升知覺感受,創造更身歷其境的整合式互動體驗。

第 2 章探究電腦視覺(computer vision)如何賦予我們新的雙眼與觀點,改變我們看待和參與世界的方式,從裝置藝術到機器人與自駕車,到協助視障人士,都是其應用。

第 3 章探訪觸覺科技(觸控回饋)方面的研究與創新,它們設法要讓我們所見與觸摸起來的感受同步,並開創透過觸覺量測(tactility)進行溝通的新方式。

除了運用聲音來導覽和敘事,第 4 章還探討擴增聽覺的方法和「智能耳機」(hearables,置於耳上的可穿戴科技),它們能夠改變你透過聽覺感受環境的方式,甚至是你的環境如何「傾聽」你。

在第 5 章中,我們學到數位嗅覺與味覺如何是一個快速成長的領域,不斷推出新的試作原型和產品設計,希望擴增我們分享與接收資訊的方式,提升娛樂體驗,加深我們對身處場所的了解,影響我們整體的幸福感受。

在第 6 章中，我們看到 AR 除了新奇外，還能如何創造出扣人心弦的聽故事體驗，並提到過去我們講述故事的活動中，一再出現的主題與慣例，以及這些新湧現的說故事風格和機制將帶領我們前往何處。

第 7 章探詢虛擬化身（avatars）、智慧代理人（intelligent agents）、物件和物質將如何變為有生命的情境式變革推動者（contextual change agents）：依據你所處情境來學習、成長、預測及變形。

第 8 章綜述我們擴增身體能力的方式，包括電子紡織物（electronic textiles）、內嵌於身體中的科技，以及大腦控制的介面（brain-controlled interfaces）。

第 9 章識別出了截至今日最主要的十大類 AR 體驗，意圖是在近未來及更遠的將來激發出更多的可能性，強調新奇的感受以及提升人類文明的承諾。

致謝

我認為自己非常幸運，有這麼充滿關愛、體貼、有耐性、鼓舞人心的家庭支持著我，在生命中一路扶持及鼓勵著我，不僅限於寫作本書的過程。我的父母，你們的愛與關懷是如此豐盛，而你們孜孜不倦的奉獻，讓我們一家人得以過著快樂且幸福的生活。這本書，以及我所做的一切，連同滿懷的愛與感激，都獻給我的家人。

感謝 Caitlin Fisher，在我追求碩士和博士學位過程中的出色指導，以及在 12 年前邀請我成為約克大學 AR 實驗室的一員，那改變了我的生命！妳看待世界的奇幻視角開展了我的視界，讓我見識到 AR 的奇蹟和魔力。我非常感激且敬佩妳。

感謝我的編輯 Jeff Bleiel，他實用的指引、耐心以及對這個主題的熱情，讓本書的寫作過程輕鬆許多而且愉快，也謝謝 O'Reilly 的 Susan Conant 和 Laurel Ruma，沒有他們，這本書將只是個夢想，謝謝各位信任我，讓它得以成為現實。

特別感謝 Tom Furness、Tom Emrich、Matt Miesnieks、Soraya Darabi、
Stefan Sagmeister、Jody Medich、Al Maxwell、Jonah、Dan、Mary、
Sophie、Tom、Fredelle 與 Martin。

也感謝你們，我的讀者，選擇了這本書。我們有難以置信的機會和榮
幸得以設計未來，讓我們一起使它變得真正精彩！

新一波的現實

你 即將進入一個新的現實。在此,世界會為你擴增(augments)自身,依據你所處情境、你的偏好和需求,變換型態。現實變得更有可塑性,更容易改變,而且高度地個人化,一切都將由你來定義和驅動。整個世界都變成可即時轉譯的,打破了溝通的障礙,並創造出一種新的感官知覺,讓視覺、聽覺、觸覺和味覺都變得煥然一新。類比世界的規則不再適用。可穿戴的電腦、感測器和智慧系統正在擴充我們人類的能力,賦予我們超能力。

這就是全新的擴增現實,你準備好了嗎?

在本書中,我會向你介紹擴增實境(Augmented Reality,AR)、它正如何演化、機會在哪裡,以及它將往何處去。我會帶領你認識一個新的維度和身歷其境的體驗媒介。然而,你並不需要離開你的物理現實,而是讓數位現實進入你的世界。

讓我解釋清楚。

本書的主題並不是虛擬實境(Virtual Reality,VR),但 AR 與 VR 之間的差異值得了解。

使用 VR 時,你會戴上一組特殊的頭戴式裝置,阻擋你對於物理世界的視野,以完全由電腦產生的環境取代真實世界。

1996 年在 University of Washington(華盛頓大學)人類介面科技(Human Interface Technology,HIT)實驗室,由 Hunter Hoffman 與 David Patterson 所開發的 SnowWorld 就是第一個沉浸式的 VR 世界

（immersive VR world），設計用來減輕成人與小孩的疼痛感覺。Snow
World 專門開發來幫助燒燙傷病患在傷口照護的過程中減緩痛苦。
Hoffman 解釋了 [1] VR 如何協助病人將注意力轉離他們當下的物理現
實以緩和疼痛：

> 疼痛的感覺需要有意識的注意力。VR 的要素就是讓使用者
> 有進入到電腦所產生的環境中的幻覺。被拉到另一個世界會
> 耗去很多的注意力資源，這使得能夠投入處理痛覺訊號的注
> 意力資源所剩不多。

VR 仰賴沉浸在另一個時空的幻覺，那通常是與你目前的現實非常不
同的時空。在 AR 中，你的意識仍然留在物理世界中，而是讓虛擬的
事物藉由一對透明的數位眼鏡、智慧型手機、平板或可穿戴的電腦進
到你的周遭。你還是可以用你的感官看到和經驗周圍的實體世界，只
不過它現在經過數位式的增強而且能夠變動。

AR 提供實用體驗的一個早期應用是 Word Lens（*https://youtu.be/
h2OfQdYrHRs*）[2]。想像你到一個新的國家旅行，而且你並不熟悉當地
語言。若沒有人協助，看菜單點餐或閱讀路標，都可能很有挑戰性。
Word Lens 讓你能夠將智慧型手機對準外國語言的印刷文字，即時將
之翻譯為你選定的語言。突然之間，藉由這種新得到的情境式理解輔
助科技，你更加地沉浸在周圍環境並參與其中。

VR 會有它專門的用途，而 AR 則能讓我們更加融入真實世界並與之
產生更深的連結，也就是我們的時間與注意力主要都投注於其上的這
個世界。就跟 VR 一樣，我們必須察知 AR 中我們「注意力資源」耗
用的情形，並設計不會進一步隔離我們與周遭或彼此的體驗。我們必
須批判性地思考如何將人類經驗放在這種新媒介的中心。這並非要讓
我們迷失在我們的裝置中，而是使科技逐漸退居幕後，以讓我們更能
專注於人類時刻。

1　Hunter Hoffman，「Virtual Reality Pain Reduction」（*http://www.hitl.washington.
　　edu/projects/vrpain/*），University of Washington Seattle 與 U.W. Harborview Burn
　　Center。

2　Word Lens 技術在 2014 年被 Google 收購，整合到了 Google Translate app 中。它
　　目前支援 37 種語言（*http://bit.ly/2woMXwD*）。

何謂擴增實境？

AR 最常見的定義是一種數位覆蓋層（digital overlay），疊加於真實世界之上，由電腦圖形、文字、影片與聲音所構成，能夠即時（real time）與之互動，可透過智慧型手機、平板、電腦或配有軟體與鏡頭的 AR 眼鏡來體驗。你可以使用 AR 指向夜空來識別恆星與行星（*https://youtu.be/p6znyx0gjb4*），或以互動式的 AR 指南沉浸於博物館的展覽（*https://vimeo.com/70035191*）。AR 提供了以前所未見的方式更深入理解與體驗我們世界的機會。

我們用的是 1997 年由 AR 先驅 Ronald Azuma 提出的相同定義，如他簡潔的說明所述[3]：「AR 能讓使用者看見有虛擬物件疊加於其上或與之結合而成的真實世界。因此，AR 增補了現實，而非完全取代之」。

傳統上 AR 技術運作的方式是使用適當裝置（像是智慧型手機）上的鏡頭與軟體追蹤真實世界中的目標。這些目標可能是圖示、影像、物件、聲音、位置或甚至是一個人。目標的輸入資料由軟體來處理，並與可能有相應資訊的資料庫進行比對。若有找到符合的，就會觸發 AR 體驗，將內容疊加在現實之上。

Azuma 的定義指出[4]，AR 系統有下列三個特徵：

- 結合真實與虛擬
- 可即時互動
- 以三個維度（3-D）定位

定位（registration），也就是第三個特徵，是為了將虛擬物件準確地與真實世界中的 3-D 空間對齊。若沒有精確的定位，虛擬物件存在於物理世界的幻覺就會解除，不再有可信度。所以，如果一個虛擬的 AR 檯燈看似好像飄浮在你實體辦公桌上方，而非直接定位於桌面

3　Ronald T. Azuma，「A Survey of Augmented Reality」（*http://www.cs.unc.edu/~azuma/ARpresence.pdf*），*Presence: Teleoperators and Virtual Environments* 6 4 (1997): 355-385。

4　同上。

上，除了讓你以為辦公室鬧鬼外，這種技術上的差錯也打破了那個檯燈存在於你空間的幻覺。但若為那個虛擬物件加上陰影，它的可信度就會變得更高，因為這反映了你物理環境的特徵。

AR 如何演進？

就我來看，這個定義若要用於今日，其中缺少的會是「情境（context）」這個關鍵字，而這也是下一波的 AR 與之前 AR 的分別。情境資訊之所以能夠增強 AR 的體驗與內容，是因為現在它們從對每個使用者都相同的經驗，轉變為了專屬於你的體驗，依據你的位置、興趣和需求量身打造。情境奠基於定位（registration）這個特徵之上，因為它就是將相關且有意義的資料「定位」或合成到真實世界中，為你創造個人化的體驗。

在新的 AR 中，這種情境資訊的成功取決的不是如何讓虛擬檯燈看起來好像完美地安置於你的實體辦公桌上（如 1997 年的定義所述），而是讓檯燈在適當的時機出現，例如你需要更多光線的時候，或甚至自行熄滅，來提示你下班的時間到了。定位的技術問題將會被解決，而雖然它重要性依舊，我們的焦點將會轉向如何提供有意義且引人入勝的體驗，以提升你現實的舒適性。

目標比對的程序現在變得更為複雜，因為不再有與事物的靜態圖書館連結的「點擊播放（hit play）」過程，像是教科書上的恐龍照片觸發顯示於 AR 中的 3-D 模型。今日，那個 3-D 模型與體驗將會依據某些因素動態調整，例如學生在課程計畫中的進展情況，甚至是學生的學習風格。因此，下次學生回到那本 AR 教科書時，恐龍的種類已經改變，並且整合了她感興趣的其他主題。AR 科技變成有生命會適應的資料庫：互動中觸發器與內容都是動態的，隨時都可能改變，因為它們會根據你變動的情境資料，在適當的時機遞送你及你的環境所需的相關資訊和體驗。

我們早該重新審視 AR 所代表的意義，以及它能夠成為什麼，特別是在 AR 不再限於學術研究機構的現在。早期的 AR 需要高度專門化的設備，全都不是很容易移動的。但現代智慧型手機上的感測器多到可

以說你把 AR 放在口袋中了。這些科技將會持續變得更無所不在，透過謹慎地內嵌於你衣服或眼鏡，甚至皮膚底下的可穿戴式計算裝置。

像是 Apple、Facebook、Microsoft、Google 與 Intel 的這些大公司非常密切地關注 AR 的發展，並投注資金在 AR 的未來，希望將它們帶到大眾市場。Facebook 的 CEO，Mark Zuckerberg 稱 AR 為「一種新的溝通平台」，他寫道：「我們相信這種沉浸式的擴增實境總有一天會成為數十億人日常生活的一部分」[5]。

Apple 的 CEO，Tim Cook 視 [6] AR 為「像智慧型手機般的偉大創意」。Cook 說道：「我認為 AR 就是那麼重要，它的未來無可限量。我之所以感到興奮，是因為它能夠做到的事情可能改善許多人的生活，也可以提供娛樂」[7]。2017 年，Apple 在年度的 World Wide Developers Conference（WWDC，蘋果全球開發者大會）上推出了 ARkit，它是用來為 iPhone 和 iPad 開發 AR apps 的尖端平台。在 WWDC 的主題演說中，Apple 的軟體工程資深副總裁 Craig Federighi 稱 ARkit 是「全世界最大的 AR 平台」[8]。

AR 的重點是擴增人類體驗，而它不會單獨發展。AR 會帶來的真正衝擊將發生在它與其他平行發展的技術結合成為一種超級媒介之時，像是可穿戴式運算、感測器、物聯網（Internet of Things，IoT）、機器學習，以及人工智慧。

我稱之為「Overlay（覆蓋層）」的第一波 AR，主要與覆蓋在現實之上的數位層有關。Overlay 的實例包括棒球選手的 3-D 模型虛擬地出現在棒球卡上，或顯現在啤酒杯墊上的擴增實境猜謎遊戲。等你之後再次回到這種 AR 體驗，它幾乎不會有什麼變化，通常還是有完全相同的內容，沒提供多少誘因讓你想重複經歷它。在這第一波的 AR 中，你經常也得下載並印出特定的圖像或目標，以觸發 AR 體驗。

5　Mark Zuckerberg 的 Facebook 頁面（*https://www.facebook.com/zuck/posts/10101319050523971*），2014 年 3 月 25 日。

6　David Phelan，「Apple CEO Tim Cook: As Brexit hands over UK, 'times are not really awful, there's some great things happening'」（*http://ind.pn/2u7tbJy*），*The Independent*，2017 年 2 月 10 日。

7　同上。

8　WWDC 2017 Keynote（*https://youtu.be/oaqHdULqet0*）。

我們正進入第二波的 AR，我將之稱為「Entryway（通道）」，它們創造了更擬真的整合式互動體驗。Overlay 與 Entryway 之間的關鍵差異（也是創作有意義的 AR 體驗之祕訣）在於你。你是 Entryway 中的推動力，也是定義整個體驗的情境脈絡。

不同於 Overlay，這下一波的 AR 超越了印刷出來的目標，邁向新的空間理解，以及對你環境更深入的認知。整個世界變成一個可追蹤的目標。在 Entryway 中，我們突破了第一波中覆蓋層的限制，進入一種新的感官意識，加深我們與世界和彼此的互動。

配備有感測器的新式 AR 智慧型手機，例如以 Google 的 AR 技術平台 Tango 為基礎的 Lenovo Phab 2 Pro 或 Asus ZenFone AR，都是 Entryway 的絕佳實例。Tango 技術包含了動作追蹤（motion tracking）和深度感知（depth perception），讓裝置能在物理世界像人類一樣辨明方向。

當你手持裝置在房間中移動，感知深度的相機看得見你所看到的，並且能夠辨識出物理邊界和周圍環境的布局。它能認出牆壁在哪裡、地板位於何處，甚至是傢俱的位置。在不遠的將來，像是 Tango 的這種技術將使新類型的日常體驗變得可能，例如為你的孩子閱讀床邊故事。想像床腳變為了虛擬越野卡車，你看著一隻猴子從梳妝台跳到了檯燈上，同時有隻獅子安穩地睡在梳妝台上。你的實體環境與故事世界整合了在一起，讓你直接進到了故事中。

通往你感官的入口

Microsoft Kinect 為 AR 科技辨認真實世界中目標的方式帶來了重大的轉變。Kinect 有助於讓你融入 AR 體驗，因為你到處移動的身體現在變為了可追蹤的目標。在 Kinect 之前，AR 目標通常都是靜態的，而且限於像是印刷圖像的那種東西。這個技術為更為互動式的體驗敞開了大門，讓我們得以更清楚地看見與感測你及你的動作，甚至有能力辨識你的臉部表情和你的感受（第 2 章會帶領我們一觀 AR 中的電腦視覺目前進展到什麼樣的程度，以及它如何賦予我們體驗世界的嶄新雙眼）。

Kinect 的發明人 Alex Kipman（也是 Microsoft 的 AR 頭戴裝置 HoloLens 的發明者）將 Kinect 帶來的衝擊描述[9]為「巨大的轉變，我們將整個電腦產業從我們必須理解科技的這個舊世界搬到了這個新世界，其中科技消失了，而它開始更透徹地理解我們」。

AR 科技不只看得到我們和我們周遭的環境，也開始了解我們的活動，並回應我們。我們與科技互動的方式變得更加自然，因為科技消失了，體驗變為中心，這就是 Entryway。

Entryway 的關鍵在於全新層次的沉浸（immersion）：我們透過 Overlay 之鏡在新的維度以我們所有的感官體驗虛擬。讓人類感官超越虛擬，與真實建立更密切的關係，將是這下一波 AR 最重要的目標。舉例來說，擴增音訊常與視覺畫面搭配出現，但聲音也可以單獨用於 AR，不一定要有顯示的部分，甚至可與其他感覺整合。除了視覺與聽覺外，現在我們也能以觸覺、嗅覺和味覺感受數位現實，甚至創造新的感官（我們會在第 3、4 和 5 章進一步探索這些想法）。

在 Entryway 中，AR 擁抱了新模式的虛實混合體。AR 為物理世界注入了數位特性，而虛擬事物則獲得了新的觸感。觸覺科技能讓人體驗觸碰的感覺，使用氣壓場（air pressure fields）、可變形螢幕（deformable screens）或特殊控制器之類的介面來感受數位現實。舉例來說，AR 讓我們可以伸手撫摸虛擬貓咪，實際感受到貓毛的柔軟，以及牠高興咕嚕叫時的振動。

藉由像是「Electronic Taste Machine」和「Scentee」的裝置，味覺和嗅覺也變得可能，這兩者皆為倫敦大學城市學院（City University London）普適計算（Pervasive Computing）教授 Adrian David Cheok 的發明。Scentee 是插入智慧型手機音訊接頭的一種小型裝置，能讓你發送會釋放香味的嗅覺訊息。Electronic Taste Machine 則使用金屬感測器讓你的舌頭有體驗到各種味道的錯覺，從酸到苦、鹹到甜都有，取決於通過電極的電流為何，這致使你的大腦產生虛擬的味覺感知。

9　「How The X-Box Kinect Tracks Your Moves」（*http://www.npr.org/2010/11/19/ 131447076/how-the-xbox-kinect-tracks-your-moves*），*NPR*，2010 年 11 月 19 日。

Cheok 希望讓我們用所有的五官與電腦互動，就像在物理世界中那樣，他解釋 [10]：

> 想像你正在看你的電腦桌面、你的 iPhone 或你的筆電，所有的東西都隔著一面玻璃，在一扇窗後面，你要不是觸摸玻璃，就是透過玻璃觀看。但在真實世界中，我們能夠開啟那面玻璃，打開窗戶，我們可以觸碰，我們可以嘗味道，我們可以聞氣味。

這下一波的 AR 能讓我們「開啟那扇窗」，增強人類的感覺器官。

人腦能將數位化的電化學訊號解讀為意義，甚至是新的感官體驗。人類目前看不到像是無線電波、X 光或伽馬射線（gamma rays）之類的東西，因為我們沒有適當的生物受器（receptors）。並不是說這些東西是無法被看見的，人類看不見它們（至少是目前還看不到）是因為我們沒有配備合適的受器。AR 不僅能賦予我們的視覺這種新的超能力，還能讓我們運用整個身體全面地體驗廣泛的資訊和資料。我們擁有的科技能讓我們以令人驚奇的方式參與並了解我們的世界。

跨產業的 AR

讓我們來看看已受這新一波 AR 影響的幾個產業。

擴增健康

AR 能讓醫療從業人員與人類解剖構造成比例的虛擬 3-D 模型互動。內科醫師現在可以操作數位模型，或甚至 3-D 列印出某個療程的不同階段。近來觸覺科技的發展，未來將能讓外科醫師實際在虛擬大腦上練習手術，在進行真正的手術之前，以完整的觸覺感受模擬手術過程。

10　「Share touch, smell and taste via the internet.」（*http://bit.ly/2wb4wAS*）

擴增學習

今日我們可以使用 AR 來追蹤臉部表情，看看學生是否正遭遇困難。在不遠的未來，教師將能夠用這種技術來調整或量身訂做適合學生的課程內容。譬如說，如果你正透過 AR 裝置參與遠距教學或觀看課程影片，而你看起來感到困惑，就會自動出現更多的說明。或者，你看起來心不在焉，就會有問題跳出來要你回答。

擴增零售業

AR 目前能讓你預見產品出現在你家中的景象，例如傢俱，或穿戴在你身上的樣子，例如手錶或衣服。新的技術進展將不只能讓消費者看到產品的樣貌，還能讓你觸摸感受它們。

擴增協作

AR 已經能夠提供維修教學，有能力讓你與他人共享視野，並接收即時的指導。能進行即時遠端協作的新設計程序也即將出現，將會改變我們跨越長距離工作的方式。舉例來說，人在日本的建築師可以出現在加拿大與當地的建築工人商談，在工作現場進行互動，充分參與施工過程。

擴增娛樂

未來的某一天，你將不再需要電視：你的 AR 頭戴裝置將成為你的娛樂中心，充滿個人化的內容。不論是你最愛的歌手出現在你家中唱歌給你聽，或是在開放場地比賽闖蕩虛擬迷宮，這些新式的數位內容都將為你量身裁製，並與你的物理環境共存。

今日的 AR：專注於人類體驗

12 年前我剛開始參與 AR 發展時，這個領域作為一個整體的主要焦點是技術，內容要到很後來才出現，即使有的話，通常也是未事先設計過的拼湊品。在多數研究人員和開發者都專注於解決 AR 定位和追蹤問題的那時，我很幸運地成為了加拿大多倫多約克大學（York University in Toronto, Canada）一間非常獨特的實驗室的一員，由

Caitlin Fisher 博士所帶領，在那裡我們研究的是未來的 AR 故事創作。我們的實驗室與當時的其他研究機構非常不同：我們的成員出自美術和電影學系，而那時大部分研究 AR 的大學實驗室都屬於電腦科學系。其他的實驗室通常聚焦於 AR 技術研究的特定領域，專門發明或改善那些技術，而我們的實驗室則以內容和體驗的創造為中心。

在我們的研究方法中，我們並不預設任何的軟體或硬體。科技啟發我們所設計的體驗，但我們不讓自己侷限於 AR 的任何技術限制之內。有許多實驗室研究如何解決那些問題，尚未被探索的領域是內容創作，以及這種科技能夠促發何種新的體驗。我們實驗了多種新興技術，以新的方式結合它們，將之推向極限，以超越 AR 傳統上所能做的事情。如果所需的技術尚不存在，我們就與工程師和科學家合作創造它們。

2009 年，我們的實驗室開發了 SnapDragonAR，最早的商業化拖放（drag-and-drop）軟體工具之一，能讓非程式設計師建造體驗並對這種新的媒介做出貢獻，讓教育工作者、藝術家、電影從業人員和一般大眾得以接觸 AR 的創作。這為所有創作者開啟了內容製作的大門。我們將 AR 的世界拓展到了電腦科學的技術領域之外，讓今日在 AR 業界工作的創新者繼續沿著此路徑發展。

AR 不再只是關於技術，而是我們想如何藉由這種新科技在真實世界中生活，以及我們如何設計有意義且能幫助提升人類文明的體驗。過去十年間，AR 的技術、大眾對它的認識及其重要性已有非常驚人的進展。現在我們有了這種不可思議的科技，我們想拿它來做什麼呢？這是我們定義 AR 發展軌跡的同時想要合力找出解答的問題。我們需要跨越商業、設計與文化領域的領導者來幫助我們在這個快速崛起的產業中引導與實現新的體驗。AR 將會徹底改變我們生活、工作與休閒的方式。

2

以嶄新的方式看待世界

我們看待和體驗現實的方式即將有巨大的變革。電腦視覺、機器學習、新型攝影機、感測器和穿戴裝置都在以非凡的方式擴展人類的知覺。擴增實境（Augmented Reality，AR）正在賦予我們新的眼睛。

AR 作為一種通訊新媒體的發展，根植於動態影像和早期電影的歷史。1929 年，電影製作的開創者 Dziga Vertov 曾寫述攝影機描繪新現實的威力：「我是機械眼睛，我，這部機器，向你展現只有我能看到的世界」。Vertov 著名的影片 *Man with a Movie Camera*（**持攝影機的人**）使用創新的攝影角度和技巧來挑戰人類視覺的極限。

Vertov 實驗新穎的觀察點（例如從摩托車之類的移動載具上拍攝，或將鏡頭放在火車軌道上拍攝從上方經過的火車）。他也透過疊加影像和加快或放慢播放速度來探索新的時空感受。Vertov 使用機械攝影機這種當時新興的科技來擴展人眼的能力，創造觀看的新方法。他寫道：「我開創的道路導向了看待世界的全新觀點。我以一種新的方式解密了你所未知的世界」。

將近一個世紀之後，Vertov 之道帶領我們走向了 AR，揭露新的現實以及對於我們世界的新理解。攝影機在 AR 科技的傳統運作方式中扮演了中心角色：鏡頭搭配電腦視覺，掃描並解密我們的物理環境。AR 之前非常仰賴基準標記（fiducial markers，黑白的幾何模式）或圖像以擴增二維（2-D）表面，例如印刷雜誌。

然而，真實世界並非平的，我們是在三維空間（3-D）中體驗它。不同於 2-D 的基準標記或圖像，3-D 的深度感知（depth-sensing）攝影機被用在 AR 中來辨識、定位和了解我們周遭的空間。這些 3-D 深度感知攝影機，例如 Microsoft 的 Kinect 攝影機或 Intel 的 RealSense 攝影機，正取代基準標記和圖像的使用，改變電腦觀看、轉譯和擴增 3-D 環境的方式。

Vertov 的作品探索了作為機械眼睛的攝影機如何挑戰人類視覺的極限。他呈現了新穎的觀點，描繪人類若能像攝影機般觀看，會是什麼樣子。像是 Kinect 和 RealSense 這類的深度感知攝影機提出的問題則相反：如果攝影機和電腦能像人類一樣觀看，那會是怎樣？AR 技術正開始模仿人類的感受力，讓我們能以全新的方式看世界。

你即控制器

2010 年引進市場的 Kinect 改變了我們體驗 AR 的方式。Kinect 的標語是「You are the controller（你即控制器）」。只需以自然的方式移動身體，你就能觸發並指揮 AR 體驗。

在 Kinect 之前，要讓 AR 出現在你的身體上，你得以 2-D 基準標記覆蓋你自己、將圖像印在你的衣服上，或有 AR 刺青。但有了 Kinect 後，體驗立即就變得更為身歷其境，因為你與擴增實境之間沒有分界，你就是擴增實境。站在配有 Kinect 的螢幕前，你可以看到經過變換之後的自己，並與之互動（*https://youtu.be/bx5McnEht7Q*），如同站在數位魔鏡前面一般。這種擴增實境會跟隨你的動作，回應你的姿勢，創造你專屬的體驗。

藝術家隨即採用 Kinect 作為一種創作工具，建造新類型的互動體　驗。Chris Milk 的「The Treachery of Sanctuary（*http://milk.co/ treachery*）」（2012）就是 Kinect 用於裝置藝術的美好範例。你被邀請站在一系列的三個互動式面板之前，它們代表了從生到死到重生的創意過程。你的身體會以黑影的形式反映在面板上，而每個面板上的黑影都帶有不同的變化。在第一個面板上，你的身體分裂為飛散的鳥兒。隨著你移向第二個面板，同樣的那些鳥兒俯衝下來襲擊你。在最

後的第三個面板上,你的身體突然長出了巨大的羽翼,而藉由擺動雙臂,你的黑影也展翅而飛升,直向天空而去。

Milk 在創作者說明寫道[1]:

> 對我來說,有趣的是作品與觀賞者之間的雙向對話。參與者是內容與作品概念中的主動角色,雖是科技促成了互動,重點卻是放在體驗上,在於超越使這變得可能的創新科技,將心靈沉浸其中。

Kinect 的部分魔力源自於科技因為容易使用而變得透明這點:你站在它前面移動身體就行了。這種體驗對你而言是反應式的,你身體的動作觸發了所發生的事情。科技使這種體驗變得可能,但沒有你,就沒有內容。真的可以說,科技退位到背景中,而你成為了焦點。

觀察動作和預測活動

Kinect 使用感知深度的攝影機觀看三維的世界。它的運作方式是將某個模式的一組紅外線光點投射到房間中,然後測量光線從那每一個光點反射回攝影機感測晶片所花的時間。軟體會處理這個資料以識別出視野中可能存在的任何人形,像是頭部與肢體。Kinect 使用一種骨架模型將人體劃分為多個區段與連接點。程式內建了超過 200 種姿勢,這個軟體了解人體如何移動,並能夠預測你的身體接下來可能做出的動作。

預測是人類知覺的一個重要面向,廣泛地用於我們日常活動中,以與我們周遭互動。Jeff Hawkins,Palm Computing(帶給我們第一個手持電腦的那家公司)的創立者,著作了《On Intelligence》(Times Books,2004)這本書,其中描述人腦是會儲存並重新播放經驗以幫助我們預測接下來會發生什麼事的一種記憶系統。

Hawkins 指出,人腦會不斷預測所處環境中接下來可能發生的事情。我們透過大腦會儲存並喚回的一連串模式來經驗世界,我們會將它們與現實做比對,預測接下來會發生什麼事。

---

1 「The Treachery of Sanctuary」(*http://milk.co/tos-statement*)

使用 Kinect，康乃爾大學（Cornell University）個人機器人實驗室
（Personal Robotics Lab）的研究人員為機器人編寫了程式來預測人
類動作（*http://pr.cs.cornell.edu/anticipation/index.php*），以協助倒飲料
或打開冰箱門等任務。他們的機器人會觀察你的身體活動以偵測目前
正在進行什麼動作。它能存取保存了大約 120 種家居活動（刷牙、
用餐、將食物放進微波爐）的視訊資料庫，以預測你接下來會做的動
作。然後機器人就會事先規劃，以協助你進行該項任務。

以 SLAM 技術建置 3-D 地圖

為了讓機器人在環境中移動並進行這種活動，它必須能夠建立周遭環
境的地圖，並了解它在其中的位置。機器人學發展出了 Simultaneous
Localization and Mapping（SLAM，即時定位與地圖構建）技術來達
成這種任務。在 SLAM 之前，建置這種地圖所需的感測器傳統上都
很昂貴且體積龐大。Kinect 帶來了經濟上可負擔且輕量化的解決方
案。具有 Kinect 功能的機器人的影片，在 Kinect 發行後的幾週內就
在 YouTube 上出現了。這些機器人從能在房間中自動飛行的四軸飛
行器（*http://bit.ly/2u8kDSu*）到能在碎石瓦礫堆中指引方向以找出地
震倖存者的機器人（*http://cnet.co/2hqYUzf*）都有。

Google 的自駕車（*http://www.google.com/selfdrivingcar/how/*）也使用
配有自己的攝影機和感測器的 SLAM 技術。這種車輛會處理地圖和
感測器資料來判斷它的位置，並依據大小、形狀和動態偵測周圍的物
體。軟體會預測那些物體接下來可能的動作，然後車子會進行反應式
的動作，例如讓路給跨越街道的行人。

SLAM 不僅限於自動載具、機器人或無人機，人類也可以用它來製
作他們環境的地圖。MIT 開發了第一個可穿戴的 SLAM 裝置（*http://
bit.ly/2wb1Q6y*）給人類使用者。這個系統最初是設計給緊急救難人員
使用的，例如進入未知領土的急救員。藉由穿在胸前的 Kinect 攝影
機，使用者在環境中移動的過程中，數位的 3-D 地圖就會即時地建置
出來。特殊的位置可用手持的按鈕來標註。地圖可以共享或立即無線
傳輸給不在現場的指揮官。

SLAM 也讓新形式的競賽遊戲變得可能。2011 年由瑞典斯德哥爾摩（Stockholm, Sweden）的 13th Lab 所創造的 *Ball Invasion*（*https://youtu.be/WHGtvdxTVZk*），是將 SLAM 整合到 AR 遊戲中的一個早期範例。將你的 iPad 拿在面前，你會看到周遭充滿了可以射擊與追趕的虛擬目標。*Ball Invasion* 的獨特之處在於，虛擬元素會與你的實體世界互動：虛擬的子彈會從你面前的牆壁彈開，而虛擬的入侵球體（invading balls）會躲在你傢俱的後面。帶著 iPad 攝影機到處移動的遊戲過程中，你同時也在建置環境的即時 3-D 地圖，就是它讓這些互動變得可能。2012 年，13th Lab 發行了 PointCloud（*https://youtu.be/K5OKaK3Ay8U*）這個具有 SLAM 3-D 技術的 iOS 軟體開發套件（Software Development Kit，SDK）給 app 開發人員使用。13th Lab 在 2014 年被 VR 科技公司 Oculus 所併購。

今日，SLAM 是 Google 的 Tango 計算平台背後的底層技術之一。2015 年，Tango 的平板開發套件（tablet development kits）首先開放給了專業開發人員，隨後 2016 年（Lenovo Phab 2 Pro）與 2017 年（Asus ZenFone AR）市場上推出了基於 Tango 的智慧型手機。Tango 使一些體驗變得可能，例如不使用 GPS 的精確導航、開向虛擬 3-D 世界的窗戶、即時量測空間，以及知道它們位於房間何處和周圍有什麼的遊戲。Google 描述[2] Tango 的目標為賦予「行動裝置人類對於空間和運動的理解」。

我們的智慧型手機已經是我們自身的延伸，而藉由像是 Tango 之類的進展，智慧型手機正開始像我們般觀察、學習與理解世界。這將帶給我們新型態的互動方式，其中虛擬事物完美地被映射到了我們的物理現實，並且能夠察覺情境脈絡（context），創造更深刻的沉浸感受。虛擬與真實之間的分界線，將變得更為模糊。科技不僅將了解我們的周遭環境，或許還能以一種新湧現的智能與意識，在日常生活中協助指引我們。

2　Google Tango（*https://www.google.com/atap/project-tango/*）

幫助盲人看見

如果我們能為電腦和平板帶來視覺，為何我們不用相同的技術來幫助人們看呢？Intel RealSense 互動設計小組（Interaction Design Group）的主任 Rajiv Mongia 及他的團隊開發了一個輕便的穿戴裝置原型，它使用 RealSense 3-D 攝影技術來幫助視障人士更好地感知他們的周遭環境。

2015 年在拉斯維加斯（Las Vegas）國際消費電子展（International Consumer Electronics Show，CES）現場展示的 RealSense Spatial Awareness Wearable 是一件配有電腦的背心，電腦無線連接到八個拇指大小的振動感應器，分別穿戴在胸部、軀幹，以及雙腿接近腳踝的地方。它藉由看到的深度資訊來感知穿戴者周圍的環境。回饋資訊會透過使用振動馬達產生觸覺回饋的觸覺科技傳給穿戴者。

其中的振動感應器就像是你手機的振動模式，振動的強度與物體接近的程度成正比。如果某個物體非常接近，振動就會比較強烈，如果較遠，振動強度就低。

Intel 的技術專案經理 Darryl Adams 負責測試這個系統。Adams 在三十年前被診斷出有視網膜色素病變（retinitis pigmentosa），他說這項技術幫助他充分利用僅剩的視力，以觸覺感受擴增了他的周邊視覺。

> 對我來說，辨別周圍環境是否有變化發生的能力極有價值。如果我站著不動並感受到了振動，我就能即刻轉向其他方向，看看有什麼改變了。這通常是有其他人接近我，所以在這種情形中，我就能夠跟他們打招呼，或至少知道他們在那裡。若是沒有這項科技，我通常會錯失我社交空間的這種變化，而使情況變得有點尷尬。

這個系統在三名穿戴者身上測試過，每位皆有非常不同的需求和視力水平，從低視力到全盲都有。Mongia 與他的團隊正致力於讓這個系統更有彈性，使用模組化的硬體元件來讓使用者得以選擇最適合他們特殊情況的感應器和觸覺輸出組合。

Adams 很希望其中的軟體變得能夠察覺情境，以讓系統在任何給定的情景中都能回應穿戴者的需求。他認為這項科技在未來將包括像是臉部辨識或眼動追蹤之類的功能。如此一來，穿戴者就能在其他人看向他們的時候得到提示，而非只是知道有人在附近。

未來還能進一步整合人工智慧（Artificial Intelligence，AI）來讓可穿戴系統更加了解穿戴者的情境。像是機器學習之類的方法可以賦予電腦某些人類能力，使接觸到新資料的電腦程式能夠執行新的任務，無須特地為那些任務重新設計程式。

以機器學習教會電腦看

OrCam（*http://www.orcam.com/*）是專為視障人士設計的裝置，使用機器學習幫助穿戴者解讀他們的物理環境以產生更好的互動。這個裝置能夠閱讀文字，並辨識臉孔、產品或紙鈔之類的東西。

OrCam 裝置的特色是固定在一副眼鏡上的攝影機，它會持續掃描穿戴者的視野。這個攝影機由一根細長的電線連接到你口袋中的可攜式電腦。OrCam 並不使用振動感應器（不同於 RealSense Spatial Awareness Wearable），而是使用聲音。一個骨傳導式的揚聲器會在裝置讀出物件、字詞或人名時，將聲音傳給穿戴者。

使用 OrCam 的時候，穿戴者藉由指向某些東西來告知裝置他感興趣的是什麼。「指向一本書，這個裝置就會朗讀它」，OrCam 的研發主管 Yonatan Wexler 說道 [3]。「沿著電話帳單移動你的手指，裝置就會讀取那些文字，讓你知道是哪家電信公司寄來的，以及應付金額」。為了教導這個系統閱讀，我們向它展示了數百萬的範例，讓演算法找出相關且可靠的模式。

Wexler 說明，辨識人臉時不需要指向對方。他說：「這個裝置會在朋友靠近時告知你，教會這個裝置辨識一個人大約要花十秒」。「所需的步驟只是讓他們看向你，然後述說他們的名字」。OrCam 會為他們

3　Helen Papagiannis，「Augmented Reality Applications: Helping the Blind to See」（*https://iq.intel.com/augmented-reality-applications-helping-the-blind-to-see/*），iQ，2015 年 2 月 10 日。

拍攝照片,然後儲存在系統的記憶體中。下次攝影機看到對方時,裝置就會認得,甚至叫出他們的名字。

OrCam 使用機器學習來辨識臉孔。研發團隊必須提供數十萬張不同臉孔的影像給 OrCam,才能教會 OrCam 的程式如何識別個別臉孔。使用者穿戴 OrCam 時,程式會比對所有的影像,排除不匹配的,直到剩下相符的圖像為止。只需一瞬間,OrCam 穿戴者每次遇到他們曾以此裝置拍攝照片的人,這種臉部辨識的程序就會觸發。

訓練大腦以聲音「觀看」

OrCam 被訓練觀看你的世界,並以口語形式即時轉譯你的周遭環境。vOICe(*https://www.seeingwithsound.com/about.htm*)和 EyeMusic(*http://apple.co/2u48Xwa*)之類的視覺科技則採用不同的做法。它們不使用機器學習來告訴穿戴者她看的是什麼,這些技術研究人腦如何能被訓練以其他感官來觀視,等同於學習如何以聲音「看見」世界。

神經科學家 Amir Amedi 問道:「如果我們能找到辦法將視覺資訊傳入視障人士的腦中,繞過他們眼睛的問題,那會怎樣?」Amedi 及他的團隊進行的大腦造影研究顯示,出生即盲的人使用像是 vOICe 或 EyeMusic 的系統來「觀看」時,大腦所啟動的類別處理區域與視力正常的人相同。然而,訊號並非傳經視覺皮質,而是透過聽覺皮質進入大腦,再轉送至大腦的適當部位。

vOICe 系統(OIC =「Oh, I See」)將來自攝影機的影像轉譯為聲音訊號,以協助先天眼盲之人「觀看」。由 Peter Meijer 所開發,vOICe 是配有小型攝影機的一副太陽眼鏡,攝影機連接到電腦與耳機。(這個系統也能在智慧型手機上使用,只需下載軟體並使用手機內建的鏡頭。)

vOICe 軟體讓你的周圍環境變成「聲景(soundscape)」。攝影機會從左到右持續掃描環境,將每個像素轉為嗶聲:頻率代表垂直位置,而每聲嗶的音量則代表像素的亮度。較亮的物體聲音比較大,而頻率指出物體的高低。

Amedi 與他的同事成功訓練天生眼盲之人使用 vOICe 和 EyeMusic 來「觀看」，Amedi 所開發的一個較新的 app 則額外為各種顏色指定不同的音高（pitches）。不同類型的樂器用來傳達不同的顏色。舉例來說，藍色以小號表示，紅色是以風琴演奏的和弦，而小提琴代表黃色。人聲代表白色，黑色則是無聲。

Amedi 說，要訓練一個人的大腦以這種方式觀看，大約要花七十個小時。使用者被教導如何辨識種類廣泛的物體，包括臉孔、身體和風景，每個都是在大腦的視覺皮質處理的。「大家都認為大腦是依據感官來組織的，但我們的研究指出並非如此」，Amedi 說道 [4]。「人腦比我們想像中更有彈性」。

像是 Amedi 或 Meijer 的研究與發明都顯示「看見」的傳統定義正在改變。隨著電腦與人腦合力學習以新的方式「觀看」，這個定義也將繼續改變。

挑選你自己的現實

在電腦視覺的協助下觀看與解讀我們周遭的能力也讓我們能夠過濾現實，選擇性地看見或不看見我們周圍的世界。這包括了從我們的現實移除不想看到的東西之可能性。

熱門的電視影集 *Black Mirror*，譏諷了現代科技，在「White Christmas」（2014）那集想像人們具有在現實生活中按個鈕就能封鎖他人的能力。你看不見你封鎖的人，只會看到人形的空白，聽到模糊不清的聲音，而被封鎖的人卻能正常看到你。2010 年，日本開發人員 Takayuki Fukatsu 建造了功能與 *Black Mirror* 那集中的科技相差不遠的試作品。使用 Kinect 與 OpenFrameworks，Fukatsu 的 Optical Camouflage（*https://youtu.be/4qhXQ_1CQjg*）展示一個人的身形融入其背景而變得透明。

4　Roni Jacobson，「App Helps the Blind 'See' With Their Ears」（*http://bit. ly/2wa9Btg*），*National Geographic*，2014 年 4 月 5 日。

Steve Mann 博士是多倫多大學（University of Toronto）的電機工程與電腦科學教授，被稱為「可穿戴式計算之父」。Mann 在 1990 年代定義了「Mediated Reality（媒介實境）」這個詞。他說[5]，「媒介實境與虛擬實境（或擴增實境）的差異在於，它能讓我們過濾掉違背我們的意願強加在我們身上的東西」。對 Mann 來說，可穿戴計算裝置提供了使用者「自創的個人空間（self-created personal space）」。Mann 曾藉由媒介實境將廣告替換為個人筆記或備忘。

新媒體藝術家 Julian Oliver 稱讚 Mann 的作品是「The Artvertiser」的靈感來源，這個媒介實境計畫始於 2008 年，是他與 Damian Stewart 及 Arturo Castro 協力發展的。The Artvertiser（*http://theartvertiser. com/*）是一個軟體平台，它能將廣告看板即時取代為藝術創作。它運作的方式是先教導電腦識別廣告，然後將之轉換為虛擬的畫布，讓藝術家可在上面展示圖像或影片。這種藝術作品是透過看起來像雙筒望遠鏡的手持裝置來觀賞的。

不將此視為 AR 科技的一種形式，Oliver 認為 The Artvertiser 是「Improved Reality（改良實境）」的一個實例。他描述這個計畫是要讓我們的公共空間從「唯讀」的變為「可讀寫」的平台。The Artvertiser 採用一種顛覆性的做法，揭露並暫時攔截廣告所支配的環境。

「Brand Killer」（2015）是當代的一個計畫，奠基於 Mann 與 Oliver 的作品之上。Brand Killer 是由 Tom Catullo、Alex Crits-Christoph、Jonathan Dubin 與 Reed Rosenbluth 這群賓州大學（University of Pennsylvania）的學生所創建，能夠為其穿戴者即時模糊化廣告。這些學生問道（*http://bit.ly/2woxBIC*）：「如果我們所生活的世界，消費者看不見企業過度的品牌宣傳，那會是怎麼樣？」Brand Killer 是自製的頭戴顯示器，使用 openCV 的影像處理功能從使用者的視點即時辨識並阻擋品牌和商標。他們說：「這是真實世界的 AdBlock」。

---

5   Steve Mann，「Mediated Reality: University of Toronto RWM Project」（*http://www. linuxjournal.com/node/3265/print*），*Linux Journal*，1999 年 3 月 1 日。

當我們在網際網路上阻擋廣告或封鎖不想再互動的人，我們就已經在媒介我們的現實了。除了廣告和其他人，我們還會選擇藉由媒介實境從視野移除或阻擋什麼東西呢？

設計 AR 未來的同時，我們得考慮數位地過濾、媒介或替換人們所選的內容，是會改善我們的現實，或是將我們隔離於世界與彼此之外。我的希望是，這些新的科技能被用來支援人際互動、連結與溝通，甚至增進同情心。

雖然我們經常傾向於從現實剔除我們不想看到的東西，例如遊民、貧窮和疾病，有些東西是我們作為一個社會必須積極處理的。媒介現實有可能助長逃避甚至無知的文化。我們不應該無視現實的實際情況。

媒介實境的積極面是它可被用來作為提供焦點的一種方式。這項科技有潛力建立較容易專心的未來，而導向更多的人際互動。現在我們就已經每天都遭受科技和通知的連續轟炸了，如果媒介實境能提供一種簡單的方式讓我們暫時完全關閉那些令人分心的事物，那會怎樣？

另一個關鍵問題是，誰會負責創造這個新的現實？個人、企業，或是某些團體的人？我們會向誰的媒介實境分享祕密？會出現哪些攔截用的視覺過濾器或工具？用 Oliver 的話來說，我們會是可讀寫環境的一部分，或是唯讀環境的？

就像網際網路是可讀可寫的，我相信包含媒介實境的 AR 也會是。World Wide Web（全球資訊網）的發明人 Tim Berners-Lee，將網際網路視為以新穎且強大的方式分享經驗的一個地方。他說 [6]「我原本想做的事是讓它成為一種協作媒介（collaborative medium），一個我們能夠認識彼此且一起讀寫的地方」。網際網路重新架構了我們分享和使用資訊的方式，而 AR 也有能力做到這點。

像是讓視覺障礙者獲得某種形式的視力、藝術家想像新的互動體驗、以及機器人在日常生活中協助人類的這些例子，AR 都提供了感知世界的新方法。AR 有能力改善人們的生活，並啟發更多有創意的方式來讓我們探索環境、與彼此交流，從而改變我們的生命軌跡。

6　Andy Carvin，「Tim Berners-Lee: Weaving a Semantic Web」（*http://bit. ly/2wp2kVT*），2005 年 2 月 1 日。

如果我們將本章開頭 Vertov 的感想「我，這部機器，向你展現只有我能看到的世界」中的「機器」取代為「人類」，我們就能得到因為網際網路而變得可能的豐富內涵：由全球人類的經驗與觀點構成的共享故事集。要對社會有正面的衝擊，並以有意義的方式為人類文明提出貢獻，AR 將得向 World Wide Web 最初的願景學習，廣泛包羅，而非隔離與排除。

3

觸覺感受

新一波的擴增實境（Augmented Reality，AR）探索的是如何創造視覺之外還包括其他感覺的新感官體驗。AR 中的觸碰不只能同步我們所見和東西的觸感，它還有潛力使用觸覺建立新的溝通方式。從為通知之類的東西提供細微觸覺回饋的 Apple Watch「觸覺引擎（taptic engine）」，到為虛擬實境（Virtual Reality，VR）應用所設計，將真實感提升到新水平的新型觸覺手持控制器，例如 Tactical Haptics（*http://tacticalhaptics.com/*），我們都可以開始見到朝向數位觸覺發展的趨勢。

在物理世界中，你能用雙手觸摸東西、拿起東西，或製作東西。在 AR 中，虛擬的事物看似好像存在於你的物理空間，但如果你試著伸手碰觸虛擬物件，取決於你用的是智慧型手機或眼鏡，你只會感受到玻璃或空氣。

在第 1 章中，我們提到定位（*registration*）是在真實世界的三維空間（3-D）中完美校準虛擬物件的一種方式。AR 中的定位目前專注的是視覺的校準，那其他感覺呢？如果 AR 的目標之一是提供渾然一體的環境，這種知覺就會在使用者試著觸摸虛擬事物時破滅，什麼都感覺不到。下一波的 AR 使得觸摸虛擬事物變得可能，進一步模糊了我們分辨真實與虛擬的能力。

觸碰幫助我們了解真實世界，並在其中活動。我們的觸覺讓我們能感受到像是質地或重量的東西，藉以對事物有更深一層的理解。這導致了知識產生：事物是由什麼所構成的，以及它與其他東西的觸感比起來如何。觸覺讓我們能夠確認物體實際存在。

我本來相信前面的最後一句話是真的，直到 2011 年我在南澳大學
（University of South Australia）的魔幻視覺實驗室（Magic Vision
Lab）初次嘗試了觸覺科技（提供觸覺回饋的技術），迷失在其中為
止。我還記得我奮力分辨什麼是物理真實，什麼是虛擬的那個時刻。
我真的是目瞪口呆。我看得到也摸得到虛擬的魚，感受得到牠身上的
每個鱗片，就好像牠是真的一樣。能夠觸摸虛擬事物並從物理上不存
在於真實世界的東西接收到觸覺回饋，是全新且令人感到困惑的體
驗。這怎麼可能？

穿上頭戴式的顯示器（head-mounted display，HMD）並使用叫做
PHANTOM 桌面的觸覺裝置，它有像筆一般的附屬元件，讓我拿在
手中，我能夠觸摸並感受出現在我物理環境的的虛擬物件。這個觸覺
裝置使用三個小型的馬達在單一觸碰點模擬觸感，它們會在筆狀元件
上施加壓力，以提供力學回饋。除了質地之外，使用這個工具還可能
讓人感受到重量。

這是非常可信的幻覺：我所看見的實際對應到我感受到的。在現實
中，視覺與觸覺緊密地結合在一起，但在多數 AR 中，它們之間的關
聯被斷開了。這永遠改變了我的 AR 體驗，擴展了我對這種新媒體在
未來將如何演變的想像。

2011 年，我使用影像識別技術設計並建造了 *Who's Afraid of Bugs?*
（*https://vimeo.com/25608606*），世界上第一本 AR 彈出式 iPad 電子故
事書。這本書結合了紙藝工程的技藝（紙張的裁剪、黏接與摺疊）和
AR 的魔力，創造了一本實體的彈出式故事書，探索對蟲類的恐懼。
透過 iPad 或智慧型手機觀看此書時，會出現各種虛擬生物，包括爬
過你手的一隻毛茸茸的狼蛛（tarantula）。製作此書時，我尚未在澳
洲的魔幻視覺實驗室體驗觸覺科技的展示，但我可以輕易地想像觸覺
科技如何整合到此書的下一版中。它能用來創造更容易引發恐懼的體
驗，讓我們不只看得到蜘蛛爬到你的手上，還能實際感受到牠的重量
和蜘蛛毛劃過你皮膚的質感。

就如前面提到的虛擬魚例子，我們有辦法重現東西在物理世界中的感受，並將之套用到虛擬物體上，作為進一步提升「定位」精準度的方法。推廣 AR 作為一種新體驗媒介的同時，考慮並探索我們可以用何種新方式來擴增觸覺感受，超越單純地複製現實，也是很重要的。

舉例來說，我們是否可以創造一種具有對比觸覺特質的體驗，讓看起來很軟的東西摸起來很尖銳？我們要如何超越螢幕，以新的方式體驗觸感？還有，我們要怎樣才能使用觸覺刺激作為非言語式的溝通方法？在本章中，我們會探討能夠幫助回答這些問題的觸覺科技研究與創新。

觸覺與觸控螢幕

2011 年我在魔幻視覺實驗室體驗的觸覺科技使用昂貴且笨重的設備，不是一般人能夠取得的。目前大多數的 AR 體驗都使用智慧型手機或平板電腦，未來隨著平價智慧型眼鏡的推出，將會開始看到重大轉變。這些智慧型眼鏡有可能讓 AR 中的觸覺體驗從觸摸你智慧型手機或平板的玻璃螢幕，變成伸手觸摸你眼前的東西，以新的方式與觸覺互動。

在 *A Brief Rant on the Future of Interaction Design*（2011）[1] 中，使用者介面（UI）設計師及人機互動（Human–Computer Interaction，HCI）研究者 Bret Victor 觀察到大多數的未來互動概念都完全忽略了我們的雙手能感受與操作事物的事實。他指出世界上幾乎每個物體都提供某種形式的觸覺回饋，不管是重量、質地、柔韌性或尖銳度，都會在你使用它時反應在你的手上。然而，他說像是 iPad 的裝置「完全犧牲了我們運用雙手時的觸覺豐富性」。Victor 提倡的未來互動是「我們能夠看到、感受到並操作的動態媒介」。

1　Bret Victor，「A Brief Rant on the Future of Interaction Design」（ *http://worrydream.com/ABriefRantOnTheFutureOfInteractionDesign/* ）

2011 年 Victor 的文章之後，我們有什麼進展嗎？ 2015 年 Apple 推出了 iPhone 與 iPad 上的觸覺引擎，為使用者提供觸覺回饋。我們正開始看到遊戲用的觸覺回饋裝置與控制器湧現成為 VR 中活躍發展的領域，同樣地，我們很有可能也會在不遠的將來看到那些工具被改造用於遊戲與娛樂的 AR 體驗中。

2012 年在國際消費電子展（Consumer Electronics Show，CES）上初次亮相的 Senseg E-Sense 技術，提供了將觸覺技術整合到平板或智慧型手機 AR 中的一種管道。

Senseg 這家芬蘭（Finland）新創公司的副總裁 Dave Rice 描述這項技術會為觸控螢幕（包括智慧型手機、平板電腦、觸控板與遊戲裝置）加上觸覺效果。他討論了用於遊戲應用的可能性，提到一種尋寶遊戲，其中寶箱藏在只能藉由到處觸摸螢幕才能找出的地方。Rice 表示 [2]：「這裡並沒有視覺線索可循，而那相當令人興奮，因為現在我們可以移往觸感的世界，與你所看到的互補，或者我們也能單獨仰賴它，真正地創造一個有待探索的新世界」。

E-Sense 運作的方式是使用靜電場（electrostatic fields）來欺騙我們的觸覺，並模擬不同程度的摩擦力，讓它能在平滑的螢幕上產生具有質地的感受。這項技術用到**庫侖力**（*Coulomb force*）：物體或粒子因為帶有電荷而產生的引力或斥力。這個的例子之一是當你拿著氣球摩擦你的頭髮，它就會黏住：你的頭髮帶有正電荷，而氣球帶有負電荷，而相反的電荷彼此吸引。Senseg 在你的手指與螢幕之間創造了吸引力。調節這個引力就能產生各種感覺，以賦予不同的質感給不同的影像。

想像在智慧型手機或平板上使用這項技術，來體驗就開在你家的虛擬寵物動物園，讓你能感受綿羊柔軟的皮毛。觸感現在能夠對應到你在 AR 中看到的東西，虛擬事物不再只會有「玻璃感」。

2　「New Technology: Haptic Feedback for Touchscreens」（*https://youtu.be/FiCqlYKRlAA*）

日本的富士通實驗室（Fujitsu Labs）是正在研發觸控螢幕用的觸覺技術的另一家公司。2014 年這家公司在西班牙巴塞隆納（Barcelona, Spain）的世界行動通訊大會（Mobile World Congress）上展示了配備觸覺技術的平板電腦原型，示範這項技術如何模擬 3-D 構造，例如觸控螢幕表面的顛簸、隆起，或凸出。這個試作品能讓你有開鎖、觸摸沙子或彈奏弦樂器的感受。

富士通實驗室不使用靜電產生的觸覺回饋，而是使用超音波振動（ultrasonic vibrations）來傳達觸覺感受，它能以大小變動的力來產生脈動。這個振動會將你的手指推離平板的表面，依據強度的不同，它能夠模擬各種質地。在低摩擦力與高摩擦力之間快速變化的脈動能創造出粗糙或高低不平的感受，而以高壓空氣層減低摩擦力則能讓表面感覺起來滑溜。富士通實驗室計畫商業化這項技術，並以線上購物為用例之一，讓你可以感受到你購買物品的質料。

可變形的螢幕

Senseg 與富士通都是在平坦的觸控螢幕上模擬觸覺效果，但如果觸控螢幕能夠動態變形，實際轉換為它們所呈現的影像或物件之形狀呢？想像用手操作並直接將虛擬物件從 2-D 顯示器拉出到 3-D 世界。

GHOST（Generic and Highly Organic Shape-changing inTerfaces）是起始於 2013 年的研究計畫，跨越了英國（United Kingdom）、荷蘭（Netherlands）、丹麥（Denmark）的四間大學，發展你能夠觸摸和感受的變形顯示器。研究人員使用 Lycra 材料製造平面顯示器，這種材料不同於玻璃，能夠任意變形，讓你能伸手觸摸物件或資料。

哥本哈根大學（University of Copenhagen）的計畫研究人員 Kasper Hornbæk 表示：「幾乎所有的螢幕都是方的，所以大多數的互動都是透過螢幕的變化。我們希望探索的是能擁有任意形狀並可以自動變形的螢幕」。這附和了 Victor 的觀點：「電腦螢幕應該是能夠視覺化幾乎任何東西的一種動態視覺媒介」，而延伸之下，動態的觸覺媒介也應該能夠表示幾乎所有的東西，但現在是以可觸摸的方式呈現。

舉例來說，這種變形顯示器能讓外科醫師實際觸碰到虛擬大腦，在真實手術之前以完整的觸覺感受演練手術程序。原本使用物質材料（例如陶土）創作的藝術家與設計師能夠繼續使用雙手塑造物體，並將它們儲存在電腦中。Hornbæk 指出，即使你所愛的人在另一個大洲上，這種顯示器也能夠讓你握住他們的手。

哥本哈根大學研究團隊的成員之一 Esben Warming Pedersen 解釋可變形的顯示器與一般玻璃觸控螢幕運作起來有何不同：「iPad 實際所看見的只是你觸碰玻璃顯示器的指尖，因此，當 iPad 試著找出我們觸碰了哪裡、以何種方式觸碰的時候，你其實可以把 iPad 想成是一個座標系統」。可變形顯示器則更為複雜：當你用手指按壓顯示器，會有一個攝影機捕捉位置的 3-D 深度資料，以及你手指對螢幕施加的壓力。Pedersen 正在研發新的電腦視覺演算法，希望能以電腦容易理解且方便應用到互動上的方式表示這個 3-D 資料。

Pedersen 發現的挑戰之一，是我們尚不知道如何與這種新的螢幕互動。他指出現在我們有用來跟 2-D 顯示器互動的共通詞彙，例如兩指靠攏或分開來縮放照片、滑動以切換到另一張圖，但我們沒有 3-D 手勢或變形手勢，到底要如何使用這些螢幕，答案就不是那麼清楚。Pedersen 正在進行使用者研究，希望找出新手勢的直覺詞彙。

Pedersen 與 Hornbæk 在 2014 年發表[3]了可猜測性（guessability）的研究，其中涉及了請求參與者在可變形螢幕上以他們認為合適的手勢完成多種任務，例如選取、瀏覽，或 3-D 建模（modeling）。研究參與者建議的手勢包括伸到顯示器後面，用手掌撐著，然後抓取或扭轉。

3　Giovanni Maria Troiano、Esben Warming Pedersen、Kasper Hornbæk，「User-Defined Gestures for Elastic, Deformable Displays」（*http://www.kasperhornbaek. dk/papers/AVI2014_Gestures.pdf*），*Proceedings of the 2014 International Working Conference on Advanced Visual Interfaces*, (2014): 1–8。

在螢幕之外加上觸感

對於觸覺，迪士尼研究實驗室（Disney Research Labs）採取不同的做法，將注意力從螢幕上移開，改而探索其他互動體驗。2012年由 Ivan Poupyrev 與 Olivier Bau 所開發的 REVEL（*https://www.disneyresearch.com/project/revel-programming-the-sense-of-touch/*）不只能為觸控螢幕提供人工觸感，日常生活中的物體，例如傢俱、牆壁、木質或塑膠物件，甚至人類皮膚上都可以。

REVEL 運用迪士尼研究實驗室稱為 Reverse Electrovibration 的一種新的觸覺效果。這個裝置會注入微弱的電流訊號到使用者身上，在使用者手指周圍創造振盪的電場（oscillating electrical field）。當使用者的手指滑過物體表面，他們就會感受到擴增該物體的觸覺質感。只要變化訊號的特性，就能創造出各種不同的觸感。

平面塑膠物體的觸感可變成粗糙且凹凸不平，即使它實際上很平滑也一樣。REVEL 可以應用到 AR 中，為投射在平板或牆壁上，或透過 AR 眼鏡看到的虛擬內容加上質地。REVEL 也可以不搭配眼鏡或投影器單獨使用，擴增現存的物體，像是博物館的玻璃展示櫃，讓使用者能感受原本因為脆弱、珍貴而不能開放觸摸的手工藝品。此外，REVEL 也能為個別使用者量身訂製，甚至可以用來透露私密的個人內容，例如感受得到的密碼提示。

2013 年，迪士尼研究實驗室還開發了 AIREAL：Interactive Tactile Experiences in Free Air（空氣中的互動觸覺體驗，*https://www.disneyresearch.com/project/aireal/*）。AIREAL 能在空氣中創造觸覺感受，無須配戴或觸碰實體裝置。它使用空氣渦流（air vortices，空氣渦環）以壓縮過的氣壓場來刺激使用者的皮膚，讓使用者能看見並感受到投射的影像。

AIREAL 的設計整合了深度影像感應器，以在 3-D 互動中追蹤使用者的手部、頭部與身體。譬如說，投射出來的 3-D 蝴蝶可以旋飛在使用者手掌的上方。AIREAL 會追蹤使用者手掌與手臂的動作，藉以調整渦流的方向，配合蝶翼的拍動。初期使用者的反應意見指出[4]：「這種互動提供的物理感受讓人相信虛擬蝴蝶真實存在」，其中一名使用者描述說：「它感覺起來很自然，就像是真正的蝴蝶那樣」。

UltraHaptics（*https://www.ultrahaptics.com/*）還能讓你感受到半空中的虛擬物件。AIREAL 運作的方式是將小型的空氣渦環吹向使用者，以模擬觸感，UltraHaptics 則是使用高頻率的超音波。UltraHaptics 是由布里斯托大學（University of Bristol）的電腦科學家在 2013 年作為 GHOST 計畫的一部分所開發的，後來成立了新創公司，希望將此技術推廣到商業用途。

使用 UltraHaptics 的時候，會有一個紅外線感應器追蹤使用者手指在 3-D 空間中的精確位置，讓超音波能準確導向使用者的手部，產生觸覺感受。這家公司展望這項技術廣泛的應用，包括用於 VR 遊戲與移動中的物體互動（這也能拓展到 AR 中）、操控半空中的車輛儀表板。應用於住家，這項技術能讓你在料理食物時，不必以髒手觸碰廚房器具的控制面板。

這家公司也正與 Jaguar Land Rover 合作研究安全性解決方案，為他們的 Predictive Infotainment Screen 開發半空中的觸控系統，希望盡量減少駕駛人觀看並用手操作螢幕的時間，以降低分心的機會。使用 UltraHaptics 解決方案，駕駛人的手部可被鎖定，並在它於互動場域移動的過程中追蹤它，讓系統創造物理感受以表示連線已建立。你感受得到開關與按鈕，並能在半空中操控它們，還會接收到觸覺回饋，確認動作已成功完成，過程中都不用看向顯示器。

4　Rajinder Sodhi、Matthew Glisson 與 Ivan Poupyrev，「AIREAL: Interactive Tactile Experiences in Free Air」（*http://www.disneyresearch.com/wp-content/uploads/Aireal_FNL1.pdf*），*ACM Transactions on Graphics (TOG) - SIGGRAPH 2013 Conference Proceedings*, (2013)。

觸覺作為一種溝通方法

像 UltraHaptics 這類互動系統未來的可能性不僅限於模擬控制面板或虛擬物件的觸感。薩塞克斯大學（University of Sussex）資訊學系的科學家及講師 Marianna Obrist 正使用 UltraHaptics 來探討情感的交流。Obrist 寫道：

> 觸覺是人際溝通的有力工具。設計能誘發並支援情感的互動系統，超越現有的臉部表情與聲音管道，是越來越強烈的趨勢。特別是透過觸覺傳達和媒介情緒的這個研究領域，開啟了情感交流新設計的可能性。

Obrist 精確描述了像 UltraHaptics 這類的下一代技術如何能夠刺激手部的不同區域，以傳達快樂、悲傷、興奮或恐懼的感受。以簡短、尖銳的突發氣流刺激拇指、食指與手掌中間部位的周圍，會產生興奮感，而手掌邊緣和小指周圍區域緩慢且中等程度的刺激，則會引發悲傷感受。

Obrist 假想一對情人早上出門工作前吵了一架。開會時，女方接收到從她的手鐲傳到手掌中央的溫和感受。這個感覺安撫了她的情緒，也代表她的伴侶不再生氣了。

Obrist 相信這種科技有各式各樣的應用機會。它不僅為盲人或聽障者開啟新的交流方式，任何人都能使用。它能用於一對一的互動，例如幾個朋友間的分散式觸覺系統，也能用於一對多的互動，為一整群人創造觸覺感受，像是電影院中更身歷其境的觀看體驗。

加州聖塔芭芭拉（Santa Barbara, California）的 Smartstones（http://www.smartstones.co/）這家公司，正在研究用於朋友或情人間產生非口語連結的觸覺語言系統。Smartstones 平台能讓你設定一組訊息，並使用簡單的觸控手勢發送或接收它們。他們的硬體裝置，叫做 Touch，形狀就像是河石，可作為墜子或腕帶配戴，或握在手掌中。Touch 接收到的訊息是獨特的振動和 LED 閃爍模式組合，稱為「Hapticon」。

每顆石頭（stone）都有藍牙、陀螺儀、LED 燈、揚聲器、電容式觸控介面（辨識你手指的輕觸並做出反應），以及一個手勢識別程式庫。雖然使用時不一定需要智慧型手機，Touch 介面附有一個能讓你編寫程式以回應特殊手勢的 app。你能用它來建立你自己的個人化通訊系統，甚至傳送祕密訊息。這種石頭可被程式化為在輕點兩下時發送「想你」的訊息給情人，或是在你以拇指摩擦時發出「感到焦慮」的訊息。它認得的其他手勢包括滑動、輕點與晃動。

雖然 Smartstones 是設計成任何人都可以使用的，此產品原本是為了協助中風或有神經系統疾病（例如 ALS，肌萎縮性脊髓側索硬化症）的長者。家中有自閉症（autism）小孩的父母也對 Smartstones 產生興趣。這個裝置最初的目標之一是為無法進行口語溝通的人們出聲，並且能以簡單的方式快速地這樣做，無須花費大量時間學習盲文（braille）或手語。「基本上我們想要建立一個平台讓許多人能持續溝通與理解」，Smartstones 的 CEO 與創立者 Andreas Forsland 如此說道[5]。「我們目前專注於人與人之間的交流，希望提升人類彼此連結與蓬勃發展的能力。特別是對那些有口語溝通障礙的人們，像是自閉症患者、ALS 患者或失語症（aphasia）患者，當然一般大眾也適用」。藉由手勢，Smartstones 能夠在石頭之間傳送資料，讓石頭傳送文字，甚至是聲音。

Obrist 與 Forsland 的作品所指向的科技，支援更出於感情的數位交流模式，以及使用雙手，我們語言和情感的典型代表，來觸發訊息的新式使用者互動。隨著我們日常生活變得更加數位化，這些科技幫助我們重新取回，或許還重新定義了，虛擬時代中的人類觸覺感受，賦予觸感新的意義，並設計理解世界與彼此的新方法。

5　Andreas Forsland，「Augmenting life. Unlocking minds」（*https://www.linkedin.com/pulse/augmentinglife-unlocking-minds-andreas-forsland*，Linkedin，2015 年 6 月 5 日。

美麗新世界和感官電影

除了以指尖觸摸真實或虛擬物體，如果你能以全身感受故事中的角色所體驗的，那會如何呢？在「A Brief Rant on the Future of Interaction Design」中，Victor 也寫道[6]：「有整個身體任你號令，你真的還認為未來的互動設計只限於一根手指頭嗎？」。

MIT Media Lab（麻省理工學院媒體實驗室）的研究員 Felix Heibeck、Alexis Hope、Julie Legault 與 Sophia Brueckner 創造了一本你能穿上並以全身體驗的書。這本 Sensory Fiction（感官小說，*http://bit.ly/2u8hgLt*）試作品由一件連接到電子書的觸覺背心所構成，能讓讀者感受書中主角的生理情緒。這個可穿戴裝置能夠變化聲音、光線、溫度、胸部緊迫感，甚至是讀者的心跳率，以反映主角的體驗。

> 「今晚要去看感官電影嗎，亨利？」命運預定局局長助理問
> 道。「我聽說阿罕布拉的那部新電影是一流的，有一場熊皮
> 地毯上的愛情戲，據說非常精彩，熊身上的每根毛都重現得
> 清清楚楚，最驚人的觸覺效果」。
>
> **—ALDOUS HUXLEY**

Sensory Fiction 原型呼應了 Aldous Huxley（阿道斯·赫胥黎）的科幻小說《*A Brave New World*》（美麗新世界，1932），其中描寫一種娛樂體驗，能讓觀眾「感覺（feel）」到虛構故事。這種「Feelies（感官電影）」是將觸覺與視覺及聽覺結合的一種電影。電影院的觀眾會抓住附在椅子扶手上的金屬球體，以感覺銀幕上人物動作所產生的觸覺感受。

回到 Obrist 認為觸覺科技可用在電影院創造更身歷其境觀賞體驗的想法，我可以想像她的作品可能像這樣被套用：不同於 Feelies 讓觸覺感受反映角色的動作，例如熊皮的觸感（如上面引用的），角色的情緒狀態可被轉譯為刺激觀眾手部中央的短促氣流（如 Obrist 的研

6　Bret Victor，「A Brief Rant on the Future of Interaction Design」（*http://worrydream. com/ABriefRantOnTheFutureOfInteractionDesign/*）

究所述）來表示角色的興奮之情。這也可以不用搭配電影的視覺效果，而是應用到聲音或廣播劇上。一種「情緒的原聲帶」（emotions touchtrack，是我為這個例子發明的詞，實際上尚不存在）也變得可能，創造情感聯繫的新方法，進一步體會角色的感受，不只透過看和聽，還透過觸覺回饋轉譯他們體驗到的情緒。

Obrist、Forsland 以及 MIT 研究人員的作品都提供了跟某個人或角色產生更深刻連結的方法，以非口語的方式轉譯感想、心情、訊息，或甚至是故事。這通往了透過身體感覺知悉與理解事物的新途徑。而這種新形態的資訊感受還能如何被用來解讀和理解其他類型的資料呢？

感官替換

神經科學家 David Eagleman 正在研究如何擴展一個人的能力，讓人能以一種直覺式的新方法體驗資料：他將資訊具體化為能以一種特殊的觸覺背心實際感受的東西。Eagleman 與他在史丹佛大學醫學院（Stanford University School of Medicine）Eagleman 知覺與動作實驗室（Eagleman Laboratory for Perception and Action）的團隊建造了 VEST（Versatile Extra-Sensory Transducer，*http://www.eagleman.com/research/sensory-substitution*），這是能讓聾人透過一連串的振動感受他人說話的可穿戴裝置。搭配的智慧型手機或平板電腦使用一個 app 和麥克風接收聲音，然後這些聲音經由藍牙傳送到此背心。這個背心會將聲音轉換為振動，穿戴者會在身體背後感覺到那些振動。

Eagleman 做出了重要的區別，認為穿戴者感受到的不能被解讀為像是盲文（braille，或稱「點字」）的東西。如他在 2015 年的 TED 演說[7]中所述[8]：

7　David Eagleman，「Can we create new senses for humans?」（*http://bit.ly/2hrqVXk*），*TED*，2015 年 3 月。

8　Shirley Li，「The Wearable Device That Could Unlock a New Human Sense」（*http://theatln.tc/2hrk6VM*），*The Atlantic*，2015 年 4 月 14 日。

穿著背心時你所感受到的振動模式代表聲音的頻率。你感覺
到的不是字母或詞語的代碼，這跟摩斯電碼（Morse code）
不同，你正實際感受聲音的另一種表現方式。

Eagleman 也指出這與 Apple Watch 那種可穿戴裝置的差異：它們將
不同的振動模式指定給了不同的事情（例如一組振動模式用於新的推
文，另一組用於新的文字訊息）。

VEST 則是使用「感官替換（sensory substitution）」，資訊經由與平
常不同的感官頻道輸入大腦，而之後大腦會想辦法處理它。這類似第
2 章討論過的 EyeMusic 與 vOICe 產品，其中大腦被訓練學習以聲音
觀看。在那些例子中，訊號並非傳經視覺皮質，而是透過聽覺皮質進
入大腦，並被導向腦部適當的區域。VEST 以類似的方式為失聰者使
用感官替換。

Eagleman 與他的團隊在失聰的實驗參與者身上測試過 VEST。在他
的 TED 演說中，Eagleman 播放影片展示 Jonathan，天生失聰的 37
歲男子，穿著裝置訓練五天之後，就能將複雜的振動模式轉譯為對話
語的理解。

Eagleman 與他團隊的下一步是發展 VEST，納入聽覺資訊以外的資
料流，例如股票市場的資料或氣象資料。舉例來說，如果股票市場的
資料被轉換成了嗡嗡聲，穿著 VEST 的人或許就能開始對特定的經濟
趨勢有直覺感應。

「我們不再需要等候大自然以她時間尺度送出的感官贈禮」，他說
道。「取而代之，就跟任何好父母一樣，她已經賦予了我們走出去並
定義我們自己軌道所需的工具」。

所以，現在的問題是：我們要如何使用我們的感官，像是觸覺，以新
的方式擴增我們對世界的體驗？

在第 2 章中,我們看到 AR 如何透過新的觀看方法以創新的方式轉譯我們的環境與情境。在此,加上 Eagleman 對未來的願景,我們可以更進一步不只以新方式觀看,更以新的方式去感受,透過觸覺以前所未見的方式去參與和了解我們的世界。從塑造可變形螢幕的能力,到藉由傳到手上的振動觸感與他人同情,到使用像 Eagleman 的觸覺背心對世界產生新的知覺了解,有件事是肯定的:我們的擴增未來不會有「玻璃感」,它將是出自內心情感深處的。作為人類,我們在 3-D 世界中移動,並以整個身體感受事物,然而科技卻時常將我們侷限在 2-D 平面上。最強大的 AR 體驗將能讓我們以現實世界中的方式去感受事物,甚至能讓我們在新的數位混合體中使用這些人類能力,進一步擴增我們的感官知覺。

4

聽覺和智能耳機

聲音使我們能夠存在於當下的環境，或是將我們帶到其他地方。藉由聆聽，我們能產生「心靈劇場」，在其中我們運用想像力來建構視覺元素，甚至穿越時空。從許多方面來說，我們早已擴增我們環境的聲音：繁忙火車上的那個男人除了他抗噪耳機發出的嗡嗡聲以外，什麼都聽不到，或是那個女人在飛機起降時聽她最愛的搖滾音樂。未來的擴增音訊（augmented audio）將不只能讓我們阻擋生活中的「噪音」，還能帶給我們更有意義且正面衝擊更大的聲音體驗。

「當人們談到擴增實境（Augmented Reality，AR），他們通常會認為那是覆蓋在攝影畫面上的視覺元素，都是跟視覺有關的東西。很少人會想到同樣的效果也能以聲音達成」，Last.fm 共同創始人與 RjDj（Reality Jockey Ltd）創立者 Michael Breidenbruecker 如此說道[1]。AR 只與視覺有關的錯誤印象到今日依然存在，但實際上聲音能夠創造轉移時空、變換形態的逼真體驗，無須擴增的視覺元素。

在 AR 中，聲音可與其他的感覺整合，或單獨使用。它能幫助你找出方向、接收資訊、讓你沉浸在某個體驗中、透過新型態的遊戲激發你的想像力，並量身打造你的環境。本章探索這每一個領域，以及「智能耳機」（hearable，戴在耳上的無線科技），這種新類型的消費性電子裝置在近來興起的可穿戴科技市場中越來越受歡迎。除了從耳朵收集生理資料用於健康狀態監測與健身活動外，智能耳機也開創了新形式的互動與溝通，包括傾聽並回應語音命令的智慧數位助理。

1　Leigh Alexander，「Dimensions Augments Reality Purely Through Sound」（*http://ubm.io/2v2hPnq*），*Gamasutra*，2011 年 11 月 23 日。

位置感知的擴增語音漫步

導航至特定位置、博物館的語音導覽、引導式冥想，這些都是透過語音帶領的例子，不管是預先錄製或現場直播的，在某個旅程中指引你。音頻訊號能夠照亮你的周遭，讓聲音效果或音樂陪伴你，在路徑上引領你的焦點和注意力，甚至是點出不明顯但重要的事物。它能解放對於世界的新感悟和賞識。

加拿大藝術家 Janet Cardiff 因為能喚起感情的聲走（audio walks）而聞名於世，她從 1991 年就開始創作這類作品。Cardiff 談論她的作品[2]：

> 聲走的格式類似於語音導覽。你會拿到一部 CD 播放器或 iPod，並站在或坐在特定地點，按下播放。在 CD 上，你會聽到我的聲音指引方向，像是「在此左轉」或「穿越這個通道」，重疊在背景聲音上：我的腳步聲、來往車輛的聲響、鳥叫聲，以及其他預先錄製在相同地點聽得到的混雜音效。這個錄製的工作是很重要的一部分。錄製下來的虛擬音景（soundscape）必須模仿實際的音景，以創造完美結合兩者的新世界。我的聲音給出方向，同時也連結了思想與敘事元素，在聽者腦中徐徐灌入想要繼續走完路程的欲望。

Cardiff 以聲音為主要的驅動元素，創造了一個混合的現實，在公共空間上疊加了緊密結合的敘事，其中你成為了隱密的參與者。她甚至表示[3] 你可以將她的聲走描述為一種形式的「時間旅行」。Cardiff 的作品是今日因為先進科技變得可能的擴增聽覺體驗卓越的先驅。

Andrew Mason 是 Detour（*https://www.detour.com/*）的 創 始 人 兼 CEO，這是舊金山（San Francisco）的一家新創公司，提供一系列位置感知（location-aware）的擴增聲走，叫做 Detours。Mason 認可 Cardiff 確實是很大的靈感來源之一。「我開始探索這個想法時

2　Janet Cardiff，「Introduction to the Audio Walks」（*http://www.cardiffmiller.com/artworks/walks/audio_walk.html*）

3　John Wray，「Janet Cardiff, George Bures Miller and the Power of Sound」（*http://nyti.ms/2vsR8ud*），*The New York Times*，2012 年 7 月 26 日。

所做的第一件事是到世界各地採樣對於位置感知聲音體驗的不同觀點」，他解釋道。這包括 Cardiff 的中央公園（Central Park）漫步（*http://www.cardiffmiller.com/artworks/walks/longhair.html*）、布魯克林（Brooklyn）的 Hasidic Soundwalk（*http://www.soundwalk.com/#/TOURS/williamsburgwomen/*），以及 Fran Panetta 所製作的倫敦（London）非線性漫步（*http://www.hackneyhear.com/*）。「而那些體驗點醒了我，讓我看到位置感知音訊有潛力創造電影體驗、將你帶到另一個世界，最終超越其他媒介，更加接近踩著別人腳步走的真實感受」，Mason 說道。

戴上你的耳機，使用 Detour 智慧型手機 app 的同時，當地解說員的聲音就會在你漫步的過程中自動引導你。Mason 指出 Detour 與其他導遊 apps 的區別：使用其他 apps 時，你經常都得手足無措地拿著手機到處按，點擊地圖上的大頭針以播放內容。「我們要的是讓人們感覺像有當地人或其他同伴陪著，而科技則消融於旅途中變得無形」，Mason 說道 [4]。使用聲音作為介面，並將裝置塞在口袋，無須一直看著螢幕，你現在就能更專注於周遭環境，以及你的個人嚮導所帶領的冒險。

Detours 與一般語音指南的差異在於，體驗過程中，這個科技將持續感知你的位置，依據你所在的地方、目前時間，甚至是天氣來改編故事，塑造出動態的旅程。抵達感興趣的地點時，你沒必要按下「播放」，這個導遊會對你的移動做出反應，它會知道你已經到了。為了做到這點，Detour 使用 GPS、iBeacons 及你智慧型手機中的其他感應器，以精確偵測位置。iBeacon 是 Apple 的 Bluetooth Low Energy（BLE）無線技術實作，用來為 iPhone 或其他的 iOS 裝置提供基於位置的資訊和服務。它能用來補強可能不可靠的 GPS 訊號。信標（beacons）本身是便宜的小型藍牙發信器，作為距離感測器（proximity sensors）使用。iOS apps 會監聽這些信標發送的訊號，並在你的手機或平板進入範圍時發出回應。iBeacons 與 Detour app 配合，在你抵達感興趣的地點時自動觸發特定的旁白。除了 iBeacons，

4　Rachel Metz，「First Groupon Founder, Now Tour Guide」（*http://bit.ly/2u3UHDv*），*MIT Technology Review*，2015 年 3 月 6 日。

Detour 還使用你手機的加速度感應器（accelerometer）來偵測動作和腳步，並使用磁力儀（magnetometer）來了解你面對的方向。

建立同情心與理解的擴增音訊

如公司發言人 Haris Butt 所述[5]，Detour 的目標是「幫助人們穿越一個地方難以通過的屏障，真正感受它的一切」。Detours 帶你一起親密地散步，走過像是 The Tenderloin（*https://www.detour.com/san-francisco/our-tenderloin*）的地方，舊金山最讓人誤解且快速變遷的社區之一，看看它很少人見過而多數人都會乾脆忽略的一面。聲走漫遊時，你不只會聽到住在那裡、在那邊工作之人的故事，你還會走入他們睡覺的教堂，或是他們居住的單人住房（Single Room Occupancy，SRO，俗稱「散房」）旅館。「我認為，經歷他人走過的路有其意義存在，可以讓人更了解彼此，甚至體會他人感受」，Detour 的一名製作人 Marianne McCune 說道。

McCune 曾擔任 15 年的廣播記者。她在 WNYC New York Public Radio 開了一個青少年廣播節目，叫做 *Radio Rookies*，其中在環境困難的社區成長的青少年訴說他們自己與他們世界的故事。McCune 描述這個節目的目標之一是「讓他們講述故事，把他們認為重要的東西告訴與他們沒什麼共通之處的聽眾，使那些一般來說受到較好教育，環境比較好的 WNYC 聽眾能夠知道他們來自何處」。她提到其中一名青少年電台新手（*Radio Rookies*） Shirley "Star" Diaz 談論一般會讓人閉上嘴的主題，「但當你聽她說，你會感到你好像就在她生命中一樣，足以了解她的觀點」，McCune 說道。「她帶領你了解她世界的方式，我相信，能讓人們透過她的眼睛看事情，讓他們不再是單純觀看她生命的旁觀者，他們透過她看世界」。

McCune 說：「我認為 Detour 有潛力再次提升透過他人眼睛看世界的層次：它真的是讓你設身處地走在他們的腳步上」。她提到一封體驗過 The Tenderloin Detour 的人寄來的信，信裡面寫道：「我與幾個同事都很感興趣，因為我們的辦公室就在 The Tenderloin 旁邊，那顯然

5　Luke Whelan，「This New App Will Change the Way You See Your Neighborhood」（*http://bit.ly/2unquyx*），*Mother Jones*，2015 年 11 月 13 日。

是我們未曾多加探索的鄰近地區」。「最有衝擊的時刻是我們走進 St. Boniface 教堂，看到所有的那些無家可歸者睡在教堂長椅上的時候。我們帶來一些止咳糖片捐贈，並與其中一名義工聊了一下，他自己本身是復原中的成癮者」。這種聲走觸發了若非如此可能不會發生的對話，並為聽者創造了一種變革性的效應。那封信的結尾寫道：「像是捐贈一點小東西以及與那人閒聊這樣簡單的事情竟能完全改變你對整個社區的觀點，令人感到不可思議」。McCune 評論道：「我認為聲音導覽以及讓人走在他人腳步上的那雙鞋，正把人們推出他們通常不會跨越的邊界」。

擴增音訊有滲透邊界的威力，能幫助培養同情心和理解。它不只能鼓勵你透過他人的觀點看世界，還能**在原處**（*in situ*，在相同的物理位置）體驗之。它能激勵你採取行動，改變我們生活的真實世界，即使那是與你一般不會交談的人對話。

虛擬實境（Virtual Reality，VR）領域也正在探索如何使用科技提供發展同情心的管道。*Clouds Over Sidra*（2014）是聯合國（United Nations，UN）與電影導演 Chris Milk 合力製作的一部 VR 電影，述說 12 歲小女孩 Sidra 的故事，她住在約旦（Jordan）的敘利亞難民營（Syrian refugee camp）裡。2015 年 1 月這部影片在達沃斯（Davos）的世界經濟論壇（World Economic Forum）上放映給其決策會影響到數百萬人生活的一群領袖觀看。如 Milk 所指出的，那些可不是會坐在難民營帳篷裡的人，這是讓他們感受難民境況的方法。

戴著 VR 頭盔，觀看 *Clouds Over Sidra* 的時候，你所看到的是她周圍的世界，全方位 360 度呈現。你不是透過電視螢幕看到她，你就坐在她的房間聽著她說話，好像你真的在那裡一樣。那也變成了你的世界。當你往下看，你看到你正坐在跟她相同的土地上。Milk 說道[6]：「因為這樣，你能更深刻感受到她的人性，使你更加同情她的境況」。

6　Chris Milk，「How virtual reality can create the ultimate empathy machine」（*http://bit.ly/2v05VMe*），*TED*，2015 年 3 月。

儘管 VR 特別適合用來將你轉移到物理上可能難以接近的地點或環境，AR 則能將同理心再往前推進一步，如 Detour 所展示的，鼓勵你盡可能在真實世界與你實際的周圍環境互動。Mason 對 Detour 的目標之一是讓人們走出去，到處移動，探索他們周遭的物理世界。「有太多公司最終的目標似乎都是要你坐在家中客廳的沙發上，讓食物自動送到嘴邊，髒衣服自動被帶出去洗並送回來，並戴著你的 Oculus Rift 與朋友交談」，Mason 說道[7]。「或許我聽起來像是盧德主義者（Luddite），但我還挺喜歡生活中那些未經修飾的地方。我希望 Detour 成為能幫助人們走出戶外，並樂於其中的一間公司」。

大多數的旅程都是寫實性的，因為它們訴說的是有關歷史、人物與鄰近地區的真實故事，不過 Detour 還使用它的擴增聲走敘述這個議題的故事：舊金山的垃圾戰爭。這個城市的計畫叫做 Zero Waste（http://www.sfenvironment.org/zero-waste），目標是在 2020 年之前不送任何東西到掩埋場或焚化爐。這代表重新利用或回收舊金山所丟棄的每一件東西。不僅是展示廢棄物掩埋場或垃圾堆，這個敘事帶你走過舊金山日常生活的每一個角落，幫助你思考我們每天製造了多少垃圾。Detour 以聲音改變了你看待世界的方式，希望激發在旅途結束後也能持續的變化。

協助盲人在都市空間中尋找方向

像是 Detour 和 Cardiff 的擴增聲走能讓你更深地潛入你的物理環境，發現你之前或許無法接觸的另一個世界。但日常生活中可能得仰賴這種科技幫助他們找出方向的人們又如何呢？Microsoft 的 Cities Unlocked（城市解鎖）是為失去視力的人開發的一種新的聲音科技，用來幫助他們在都市空間中找出方向。

「這個計畫的靈感出現在我女兒出生時」，Microsoft 的 Amos Miller 如此說道[8]，他本身就有視覺障礙。「我希望能夠帶她出去走走，或只是到電影院去，而我心裡想『我要如何讓那變成我毫不猶豫就會去

---

7   Casey Newton，「Groupon's ousted founder is making gorgeous audio tours of San Francisco」（http://bit.ly/2vwrOEg），The Verge，2014 年 7 月 30 日。

8   3D SoundScape Demonstrator Video（https://vimeo.com/110344933）

做的事情呢？』」他描述這個導航系統就像是「以聲音描繪世界的畫面，類似燈塔以光線指引方向那樣」，以及它如何能夠消除對於新旅程的恐懼。

戴上骨傳導式（bone-conducting）耳機，連接到你的智慧型手機，你會聽到引導你的語音，描述周遭環境。這個骨傳導式耳機位在你顎骨上方，藉由振動將聲音透過你的顎骨傳入你的內耳。這讓你仍然能夠聽到周遭的聲響，跟平常一樣，而非以耳塞式耳機塞住你的耳朵。一個小盒子位在整個頭戴裝置的後面，含有加速度感應器、陀螺儀、指南針、以及一個 GPS 晶片，用來追蹤你的位置。這個系統連接到你的智慧型手機，並有來自 GPS 與 Microsoft Bing Maps 的位置資訊和導航資料幫忙指引你，還有放置在城市各角落具有藍牙功能的信標（類似 Detour 的）所成的一個網路。

指向性的聲音技術用來創建 3-D 音景（soundscape），做出導航指示，而地標的描述聽起來就像來自它們實際所在的位置。如果感興趣的地方在 10 公尺前，並且在右方，那就會是聲音聽起來的發源處。除了逐步的語音指示，各種聽覺線索也被整合到了導航過程中，例如奔馳的聲音表示你的方向正確，聲納回音聲警告你正靠近路緣。你甚至可以要求系統提供本地地標的額外資訊，例如營業時間，全都是藉由你的語音或實體遙控器從 Bing 資料庫取回的。Microsoft 還另外發展了一個整合式的應用程式，叫做「CityScribe」，讓人們能夠標註他們城市中多數地圖服務都沒有發現的障礙物，例如公園長椅、低矮突出的角落、垃圾桶，或街道傢俱。

Kate Riddle 是這個 Microsoft 頭戴裝置的測試者之一。Riddle 有嚴重的視覺障礙，她表示這項科技幫助她前往沒去過的地方，而不會感到焦慮或覺得情況失去控制，在那之前她會出於習慣依循相同的路線前往同樣的地方，因為那是她記得的。「它消除了不少前往新地方的心理壓力」，她說道 [9]。「那大大提升了我的自信，讓旅途更為愉快，而非一種討厭的事。這不再是有必要才出門，而是『因為我辦得到所以出門』」。對於像 Riddle 這樣的人，這項科技真的改變了生命。

9　Asha McLean，「Microsoft updates smart headsets for visually impaired」（*http://www.zdnet.com/article/microsoft-updates-smart-headsets-for-visually-impaired/*），*ZDNet*，2015 年 11 月 27 日。

Cities Unlocked 的使用也可以擴展到一般大眾。在 Microsoft 的一部影片（*https://youtu.be/BEzncMLLOxE*）中，旁白指出我們不難想像在不久的將來，這項科技如何被用在各種日常生活的挑戰中，像是試著在大型購物中心找出最近的廁所，或是探索你不會說他們語言的新城市。這項科技不只能協助引導你前往感興趣的地方，藉由這種新科技全心投入實體世界，更加熟悉你的周遭環境，它能鼓舞你有自信地進行探索。

設計一些對每個人都有好處的東西

聲音是 Cities Unlocked 整體設計的面向之一。人機互動（Human–Computer Interaction，HCI）先驅及 Microsoft 首席研究員 Bill Buxton 指出，這個計畫中他最喜愛的部分不是技術，而是穿戴者感覺這項科技完全消失的那一瞬間。「最棒的科技是隱形的，它單純讓我繼續過我的生活」，Buxton 表示 [10]。「當與科技的互動變成它應有的形式，使用者就不再是設備操作員，而是作為一個人類存在。她不是操控科技走在街上，而單純只是想去上班，或呼吸新鮮空氣，或者運動一下」。

對 Buxton 來說，偉大設計的關鍵很簡單：如果你能了解高度特殊化的使用者之需求，並據此進行設計，最後你通常就會製作出對每個人都有好處的東西。他解釋 [11]：

> 作為互動設計師，我所專注的一直都是人類體驗的品質，我很早就發現，如果你想要理解某個東西，你得找到極端的實例，試著去了解處於邊緣狀態的事物。幾乎在所有的那些例子中，你所學到的也都能套用到一般大眾身上。

---

10 Jennifer Warnick，「Independence Day」（*http://news.microsoft.com/stories/independence-day/*），*Microsoft Story Labs*。

11 同上。

我聯繫了 Buxton[12]，請他詳盡說明為「極端案例（extreme cases）」進行設計的想法，讓大家都受益。他回應：「Cities Unlocked 就是極端案例推進泛用聲學 AR 的例子之一」。Buxton 向我推薦了他「最愛的參考文獻」，來自 1987 年的一篇文章，Frank Bowe 所著的「Making Computers Accessible to Disabled People（讓殘障人士也能使用電腦）」[13]。

Bowe 寫道：「若是不同使用者專用的選項被整合到了所有電腦的設計中，數百萬殘疾人士的生活都將能大大改善」。他參考了建築物的設計作為最熟悉的無障礙（accessibility）概念，引用自動門和外觀美化過的入口坡道作為無障礙建築設計的例子。Bowe 指出：「這些對我們而言看起來很自然：它們並不像是專為殘障人士所建造的」。他舉人造斜坡為例，觀察到每十個使用斜坡的人裡面，可能只有一個是輪椅使用者，其他都是受益於坡道的正常人：推著嬰兒車的父母、自行車騎士、搬運傢俱的人，或單純覺得走斜坡比爬階梯輕鬆的人。

Bowe 舉了一些例子，指出業界已經開始發現，為了有障礙的消費者之特殊需求所發展的技術，對每個人都有用處。他特別點出為了辨識與理解人類話語所開發的電腦（1987 年的），原本的預設使用者是不願意使用鍵盤的公司主管，以及雙手用於其他任務的員工（例如品管員或組裝線上的工人）。我問 Buxton 那篇文章發表的三十年後，他是否看到新科技的設計有所改變，他的回應是：「藉由設計，為了應付各種新科技所帶來的複雜性而產生的解決方案，也對無障礙性有幫助，反之亦然」。我們設計 AR 技術和體驗的未來，以讓盡可能多的人都能無障礙地使用，並有所幫助的同時，這會是很重要的考量點。

---

12 我很幸運地能在 2013 年與 Buxton 合作多倫多（Toronto）的一個計畫，叫做「Massive Change: The Future of Global Design」。Buxton 當　時　是　Bruce Mau Design 的首席科學家，分享了珍貴的 HCI 洞見，甚至將他個人跨越 30 年的互動裝置收藏（*http://chi2011.org/program/buxtoncollection.pdf*）貢獻給了這個計畫的展覽部分。

13 Frank Bowe，「Making Computers Accessible to Disabled People」，*Technology Review*，90 no. 1 (1987): 52-59。

以聲音圍繞你

聲音被用在 VR 中提高虛擬世界的可信度，讓它們感覺真實。我們也會看到聲音被用於 AR 以提升沉浸程度的更多例子出現，從音效到語音互動都是。Cardiff、Detour 與 Cities Unlocked 都將你物理世界的現實與虛擬元素結合，藉由聲音在旅程上引導你。除了導航外，聲音也將對 AR 中的故事敘述和娛樂效果有所貢獻。

Dolby 的 VR 暨 AR 總監 Joel Susal 說道 [14]：「虛擬實境中的音訊不是奢侈品，而是必需品」。他指出真實生活中沒有螢幕來框限我們的現實，我們從全方位感知我們的周圍環境。在 VR 中，我們也得以同樣的方式接收刺激。不同於傳統的電影，我們的注意力不是被吸引到螢幕上的特定位置，3-D 環境需要的不只是視覺刺激。Susal 表示：「你的耳朵會使你的頭部轉動」，這就是指向性聲音如此重要的原因。聲音為 VR 增添真實度，讓電影製片人能夠引領你體驗故事。就像 Cities Unlocked 模擬來自不同位置的聲音，使用空間性的音訊線索指引穿戴者，相同的效果也能套用到 VR 及 AR，在故事或遊戲中幫忙引導使用者的注意力。

穿戴像是 Microsoft HoloLens 的 AR 眼鏡（*https://www.microsoft.com/ microsoft-hololens/en-us/hardware*，配備兩個小型的揚聲器，在你耳朵附近的位置）時，當你將頭部與身體轉離發出聲音的物件，聲音就會據此移動，如果你將背部轉向音源，那麼現在聲音聽起來就好像來自你背後。同樣地，當你靠近虛擬物件，聲音就會變大。這能使虛擬物件感覺起來更真實。舉例來說，玩 AR 遊戲的時候，你將能聽到虛擬惡龍蹬地狂奔朝你襲來，在你左耳大聲吼叫。

HyperSound（*http://hypersound.com/home.php*）的音訊科技提供創造沉浸效果的另一種方式。就像手電筒指引光線，HyperSound 也能導引聲音，使用超音波（ultrasound waves）將聲音侷限為窄波束導向特定位置，以創造準確的聲音場域。在音訊區域之外的人聽不到聲音，而對頻道內的聽者而言，效果就類似用耳機收聽。這能在公共空間創造一個私有的聆聽場所，或是將聲波投射到目標位置。舉例來

14　Katie Collins，「Dolby's stereoscopic virtual reality proves utterly terrifying」（*http:// bit.ly/2unQFVT*），*Wired*，2015 年 3 月 5 日。

說，McDonald 在一個前導計畫中使用 HyperSound 將電視的聲音導向特定餐桌，讓用餐者能聽到電視聲音但不會打擾到其他人。用例從賣場顯示器（*http://hypersound.com/retail.php*）到博物館展覽，到遊戲（*https://youtu.be/82b2Bl-kA28*）都有。

The BoomRoom[15] 是 Jörg Müller（*http://joergmueller.info/*）所製作的一個原型，他是丹麥奧胡斯大學（Aarhus University）的電腦科學副教授，這個試作品提供了一種新穎的方式來讓你與半空中的虛擬音源直接互動。Müller 與他的團隊建造了一個小房間（直徑三公尺），其中環狀的 56 個擴音器隱藏在窗簾後面。使用電腦視覺與手勢追蹤，聲音可被指定靜止或移動的位置。

作為此系統的應用，他們建造了一個空間混音室。音樂曲目可被指定給房間中的物體，像是花瓶。要播放曲目，你拿起那個容器，然後在半空中「倒出」音樂。像雙手分離或合上的手勢能夠操作音量、高音或低音。

Müller 寫道：「我們相信在半空中『觸摸』音源以及讓物體『說話』的能力將開啟人機互動的許多新機會」。作為例子，他描述了由裝滿彈珠的碗所構成的彈珠電話答錄機：

> 從碗中拿出一個彈珠，那個彈珠就會在你拿著它走的時候播放錄下的訊息。如果使用者想刪除訊息，她可以將之從彈珠拉出，再丟到垃圾桶。她甚至可以對彈珠說出回應，回應就會傳回留下訊息的人。如果她想要保存訊息，只需將彈珠丟到另一個碗中。

當然，彈珠本身不是真的在播放聲音，那是一種錯覺。彈珠就只是一般的彈珠，隱藏在牆邊的擴音器會播放聲音，讓它感覺起來像是來自彈珠。Müller 說道：「我們的想法是，所有的物件本身都是完全正常、未裝設儀器的」。

---

15 Jörg Müller、Matthias Geier、Christina Dicke、Sascha Spors，「The BoomRoom: Mid-air Direct Interaction with Virtual Sound Sources」（*http://bit.ly/2vx2wpO*），*CHI '14 Proceedings of the SIGCHI Conference on Human Factors in Computing Systems* (2014): 247-256。

在另外一個例子中，Müller 描述未讀郵件如何以在房間中飛翔或棲息的鳥群象徵，新的郵件會在使用者周圍飛舞，而緊急郵件則直接飛向使用者，全都以指向性的音訊來描繪。不同的寄件人能以鳥兒的叫聲來分辨。如果使用者想要讀取訊息，她可以走向鳥兒，在半空中「觸摸」牠，訊息就會被讀出。牠也可以抓住並操作鳥兒來回應或轉發郵件。

擴增音訊能夠創造與日常世界互動的新方法。重點不在於彈珠電話答錄機或遞送你郵件的鳥群，而是為這新興媒介設計以前不可能的新互動典範。例如運用想像力與美感探索平常乏味無趣的活動，有可能啟發我們重新思考如何與資訊互動，以及我們能為這種媒介發明什麼專屬的新型體驗。

要讓 BoomRoom 能運用在日常生活中，擴音器面板必須便宜到能與你家中牆壁整合。就目前來說，這個試作品提供了一種迷人的方式來讓我們思考如何將擴增的聲音應用到通訊交流的活動中，並讓我們使用物理的身體動作來與周遭互動。

想像力和聲音遊戲

日本的可穿戴科技新創公司 Moff Band（*http://www.moff.mobi/*）為兒童設計了一種可穿戴裝置（可在 Amazon 上購買），它使用帶有聲音的手勢來支援想像力遊戲和說故事活動。這個彈力手環藉由藍牙連接到你智慧型手機或平板上的一個 app，並使用手環內建的加速度感應器與陀螺儀來偵測孩童正在做什麼動作。所選的音效會配合小朋友的動作即時播放，包括了像是空氣鼓和吉他、忍者劍聲或運動聲等音效。Moff Band 能偵測兩種不同的動作：左右移動手臂或上下移動手臂。最遠離裝置 30 英呎都還能讓它發出聲音。

兩個小朋友（或大人）可以穿戴 Moff Bands 一起遊玩。舉例來說，假裝打網球，在空氣中揮舞假想球拍時，你就會聽到網球前後彈跳的聲音。你也會聽到假想觀眾歡呼的聲音。Moff Band 將科技與物理活動結合，它讓小朋友跳上跳下，到處移動，以觸發聲音。

Moff Band 與美國的 PBS KIDS（*http://pbskids.org/*）合作推出 PBS KIDS Party App。設計了（適合 5 到 8 歲兒童的）活動，讓戴著手環的小朋友進行想像力遊戲，來促進學習效果。這個 app 包含一個 Freeze Dance 跳舞遊戲、一個 Piñata Party 數數遊戲，以及錄下你聲音的能力。

Konstruct（*http://apps.augmatic.co.uk/konstruct*） 是 James Alliban 在 2011 年創作的一個 AR 體驗，以倫敦（London）公司 String（*http://string.co/*）的技術為基礎，讓你能以聲音和智慧型手機建構虛擬雕塑品。這是思考擴增音訊的一種不同的方式：聲音不是被用來支援虛擬事物，使體驗更加真實，Konstruct 用你的聲音產生抽象的虛擬物體。就像 Moff Band，它會回應你的動作，在此是說話、吹口哨，或是對著裝置的麥克風吹氣。你可以結合各種 3-D 形狀、調色盤和設定，來創造無止盡的虛擬結構。聲音的音量也會影響形狀的大小。

Moff Band 與 Konstruct 都創造了好玩的場景以富有想像力的方式拿聲音做實驗，讓你嘗試不同組合並個人化，產生可能每次都不同的獨特體驗。這之所以令人沉浸其中，原因之一就是體驗是由使用者來指揮與定義的。

擴增音訊與個人化

Last.fm 的共同創辦人 Michael Breidenbruecker 在 2008 年所創立的倫敦新創公司 RjDj，開發了一種非線性形式的音樂，叫做**反應性音樂**（*reactive music*），使用一個智慧型手機 app，它會對使用者及其環境做出即時反應。戴著耳機的同時，智慧型手機內建的麥克風會捕捉聽者物理環境的聲音，並進行即時混音，創造出個人化的音樂，專屬於聽者及其情境。雖然 RjDj 在 2013 年關閉了他們的網站並讓 app 下架不再流通，他們的創意對今日擴增音訊的發展仍有影響。

我們都很熟悉個人化播放清單（Last.fm 提供這種服務）的概念，但 RjDj 超越了播放清單，實際個人化了音樂與歌曲本身，讓它們對你與你的環境有反應。「我最初有了靈感的十年之後，音訊科技才進步到讓 RjDj 得以成形」，Breidenbruecker 說道 [16]。

RjDj 的 apps 探索了 iPhone 所帶來的新的互動方法，利用了整合元件、感應器，以及裝置固有的可移動性，來創造之前不可能的音樂體驗。RjDj 的創意總監 Robert Thomas 說明他們 apps 背後的技術：

> RjDj 的 apps 全都基於開源軟體 Pure Data。RjDj 將之移植到了 iPhone 上。我們有自己的程式庫工具來製作擴增的聲音體驗。就感應器來說，iPhone 上幾乎每一個感應器我們都用到了，包括偵測動作、時間、天氣、位置，當然還有麥克風，我們透過它來分析音量大小和聲音頻率。

今日的擴增音訊 apps，像是 Detour，也同樣利用了智慧型手機的感應器來提供情境式體驗，探知你走了多遠，根據你的位置提示特定的內容。除了智慧型手機，我們會看到其他形式的可穿戴科技也將配備各種感應器，包括 AR 眼鏡或套用到其他人類感官的裝置。感應器會在未來的 AR 體驗中扮演重要的角色，提供個人化的內容，以新的方式讓你更加融入你的環境。

來自可穿戴科技公司 Doppler Labs 的 Here One（*https://hereplus. me/*）是更新近的產品。Here One 是經由藍牙連接到一個智慧型手機 app 的一對小型無線耳機，它會即時操作環境聲音，創造個人化的音訊體驗。

第一代 Here One 鎖定的目標用戶是音樂人或 hi-fi 音樂愛好者。使用 app 中的控制器來調整高音、中音、低音，以及混響（reverb）、回音（echo）和邊緣（flange）之類的效果，你能依據喜好量身打造周圍的聲音，甚至即時混音音樂。「在此使用者不是收聽線上音樂或播放錄製好的音樂」，Kraft 解釋道 [17]。「取而代之，Here One 內的數位訊

---

16 David Barnard 等，*iPhone User Interface Design Projects*（New York: Apress, 2009），236。

17 Kickstarter，「Here Active Listening」（*https://youtu.be/zlW_xA6haeU*）

號處理器會扮演你耳中的錄音室，提供音量旋鈕、等化器和其他音效來變換真實世界的音訊」。

展望下一代的 Here One 系統，Kraft 希望能夠提供分離特定頻率與音調的能力，以消除真實世界中的噪音，例如嬰兒哭聲或火車尖響。就這方面來說，我們能將 Here One 視為一種形式的媒介實境（Mediated Reality，第 2 章），如 Steve Mann 所描述的：「一個自創的個人空間」，只不過這裡強調的是聽覺而非視覺。不像將我們與世界和彼此隔離的媒介實境，Here One 這類實例能用來提供注意力，減少令人分心的事物，專注於我們感興趣的聲音，例如在吵雜餐廳中與你一起用餐者說的話。

對 Kraft 來說，Here One 的未來是情境式（contextual）的，他如此解釋他的遠景[18]：

> 我們將此視為一種尋常的裝置，你會把它裝在耳上，然後就留在那裡以最佳化不同的環境。我們正在開發的機器演算法將會是直覺式的。所以，想像走進一家餐廳，透過地理定位和試探法，並學習了解你這個人，我們可以說，嘿，Bill，我們知道首件要事是調整你的聲音偏好。你進到餐廳時，通常都會將音量調降到 15%。但我們也了解這個空間，我們知道因為你位在左後方的角落，聲音會在兩面牆之間回響。而既然你目前設定交談模式，我們會使用指向性麥克風，我們會降低環境音效，讓你能在後面角落親密地交談，創造出最合適的完美環境。

Kraft 認為 VR 造成孤立，並「讓你脫離現實」，就像 Detour 的 Mason，他希望讓你更沉浸在現實中。Kraft 相信的未來是「你不用像現在一樣無時無刻對著螢幕」，而在其中，我們以增強過的方式使用我們天生的感官，發揮它們完整的潛力，不管是移除噪音，或是透過語音與智能助理交談。

18　Holding the Internet to Ransom（ *http://www.bbc.co.uk/programmes/p036zrcf* ），*BBC*。

永遠在傾聽的智能耳機

智能耳機（hearables），或穿戴在耳上的計算裝置，例如 Here One，創造了聆聽你周遭並與之互動的新方法。如 Kraft 所暗示的，智能耳機也開始能讓你的環境傾聽你，以語音互動。語音是最常見的通訊方式，我們很熟悉且習慣了配戴耳塞式耳機，或藍牙無線耳機，這都能幫助智能聽戴裝置更快成為主流。Noel Lee，耳機製造商 Monster 的創辦人兼 CEO，稱 [19] 耳機是「第一個為大眾所接受的可穿戴裝置」。可穿戴裝置目前的一個趨勢是，讓科技隱藏起來，而耳朵就是提供那種場所的好地方。

Motorola 推出的耳機 Moto Hint，在 2014 年首次亮相，就主打戴上後就像隱形了一般，但實際上無處不在，隨時都能接受語音輸入。Hint 是剛好能放入耳內的單一耳塞式耳機，與具有藍牙功能的任何智慧型手機或平板都相容。它有一個揚聲器、觸控面板、雙重的消噪（noise-canceling）麥克風、一個可重複充電的電池，以及一個 IR 距離偵測器，讓裝置在你將之塞入耳內時自動開機。

你可以使用 Hint 來接打電話，或聽 podcasts 與音樂，在 150 英呎範圍內都有效。但這個無線耳機最強大的功能是讓你以語音命令和智慧型個人助理互動，像是 Moto Voice、Google Now 或 Siri（擴增型個人助理的未來會在第 7 章中討論）。你可以提出像這樣的問題：「我今天需要帶傘嗎？」、「我接下來有什麼行程？」或是「我離家還有多遠？」，而且不用伸手拿手機。當 Hint 與 Motorola 的智慧型手機（例如 Moto X）配對，它就會進入一種隨時傾聽的模式，而你只要說出手機的自訂語音提示（由你設定）就能與耳機互動。然而，連接到 iPhone 或其他 Android 裝置時，你就不能單純對它說話：你每次都得點觸 Hint 來啟動 Google Now 或 Siri。雖然 Hint 並不完美，它確實能夠鼓勵不用雙手的體驗，而非一定要去摸螢幕。

19　David Z. Morris，「Forget the iWatch. Headphones are the original wearable tech」（*http://for.tn/2u83hFz*），*Fortune*，2014 年 6 月 24 日。

2016 年，Apple 推出了 AirPods（*https://www.apple.com/ca/airpods/*），它是一對無線的耳塞式耳機。使用者可以在 AirPods 上點兩下來取用 Siri，無須從口袋拿出你的 iPhone，而且 AirPods 會自動連接到你的 Apple 裝置，例如 iPhone 或 Apple Watch，並能在裝置間快速切換聲音。在 Apple AirPods 的宣傳影片中，Apple 首席設計師 Jony Ive 說道：「這只是真正無線未來的開端，在我們已經投入多年心力開發的這個未來中，科技將能流暢地自動連接你與你的裝置」。

未來的智能耳機將擁有更強大的能力，不只傾聽你的聲音，也傾聽你的身體，以創造更個人化的體驗。穿戴在耳上的裝置能用來收集生物特徵資訊（biometric information），包括血壓、心跳率、ECG，以及人體核心溫度。美國公司 Valencell（*http://www.valencell.com/*）正發展用於可穿戴裝置的生物特徵感應器技術，包括從耳朵收集生理資料的 PerformTek 耳機感應器模組。

這項科技使用 PPG（photoplethysmography，光體積變化描記法），這是一種非侵入式的光學技術，用以量測血液的流量與活動。使用 PPG 時，光線會照射在皮膚表面，並有一個光學偵測器測量從皮膚和血管散射的光線（這通常會在醫院中搭配一個戴在指尖上的裝置進行）。

Valencell 將其 PerformTek 感應技術授權給消費性電子產品製造商、行動裝置與配件製造商、運動和健身用品廠商以及遊戲公司，以整合到他們的產品裡面。這種耳戴裝置包括 LG 的 Heart Rate Monitor Earphone（*http://bit.ly/2vsQAVe*）以及 iRiver 的 iRiverON Heart Rate Monitoring Bluetooth Headset。iRiverON 設計來幫助你在聽音樂的同時「更聰明地運動」，追蹤你的生物特徵，包括心跳率、燃燒的卡路里數，以及所走的距離與速度。舉例來說，開始跑步之前，你將此裝置塞進耳中，並連接到你的智慧型手機。跑步的過程中，裝置會透過耳機捕捉你的生物特徵。裝置上的語音回饋系統會對你的耳朵說話，告知你心跳率區間以及是否已經達到卡路里目標。資料會即時被送到一個智慧型手機 app 以便之後查看。

智能耳機的機會不僅限於健康和健身產業。耳機也常用於遊戲產業，具備生物特徵感應技術的耳塞式耳機能夠改變我們玩遊戲的方式。Valencell 的 CEO 兼共同創辦人 Steven LeBoeuf 相信生物特徵量測學將是更身歷其境遊戲體驗的未來。可能性包括使用你的心跳率作為關鍵控制方法的健身遊戲、遊戲角色游泳時需要實際屏住呼吸的動作遊戲，以及依據你的心情或壓力狀態切換不同遊戲模式。「藉由心率變異度（heart-rate variability，HRV）的監測，帶玩家體驗情緒狀態的生物特徵之旅，遊戲能讓玩家無意識地練習壓力管理」，LeBeouf 指出 [20]。「舉例來說，利用這個身心連結，玩家只需改變他們的情緒狀態就能讓自己從 Bruce Banner 變為 *The Incredible Hulk*（無敵浩克）」。

正如本章中所看到的所有例子，擴增音訊的重點不在於聲音，而是創造讓我們移動（move）的體感經驗，例如導航、遊戲或健身；或是藉由同情心、故事和遊戲的威力在情緒上感動（move）我們。每個例子都讓使用者沉浸其中，不管是因為聽故事或被傾聽，都能透過情境式的理解和個人化，對地方、事件或人物產生更深的連結。擴增音訊將我們的注意力帶到周遭環境，我們可以選擇深入其中或淡出其外。 AR 中聲音的未來將不只是使用音訊來支援視覺元素以提升可信度，它將單獨被探索，作為特性與其他擴增感官截然不同的一種互動方法。

---

20 Steven F. LeBoeuf，「How Biometrics Could Change Gaming in 2014」（*http://bit. ly/2u3XVHe*），*Consumer Technology Association*，2014 年 1 月 14 日。

5

數位嗅覺與味覺

2013 年 4 月 1 日，Google 推出了「Google Nose」，數位搜尋並捕捉氣味的一種技術。在宣傳影片（*https://youtu.be/9-P6jEMtixY*）中，產品經理 Jon Wooley 指出嗅覺是搜尋體驗中 Google 之前都忽略的重要一部分。Google Nose 能讓你以超越鍵盤打字、說話及觸控的方式檢索資訊並取得有關世界的知識。由 Google Aromabase（香氣）資料庫所支援，其中蒐羅了來自世界各地的一千五百萬個氣味位元組（scentibytes），Google Nose 能識別你環境中特殊的味道，或是根據關鍵字搜尋散發出香味作為結果。

Google Nose 是愚人節惡作劇，並非真的產品。但透過網際網路的數位嗅覺也不是那麼牽強。事實上，它們在今日被用來幫助人們過得更好：有些硬體和可穿戴裝置會為身受失智症（Dementia）與阿茲海默症（Alzheimer's disease）之苦的病人釋放有益的香氛。它們甚至被用來作為早期診斷工具。

人類的感覺不僅限於視覺、觸覺與聽覺。如果我們想要以所有的感官體驗擴增實境（Augmented Reality，AR），我們就不能忘了嗅覺與味覺。他們是直接連接到大腦邊緣系統（limbic system）的僅有的兩種感官，這個部分負責情緒和記憶。嗅覺與味覺可以是故事、記憶和情緒最個人化的載體。這兩種感覺可以讓你轉移到過去，或將你的注意力帶到現在。

數位嗅覺與味覺領域是快速成長的研究領域，有許多試作品和產品設計出現，目標是擴充我們感知周遭環境並與之互動的方式。在本章中，我們會一觀專注於虛擬嗅覺與味覺的新介面和可穿戴技術如何擴增我們分享和接收資訊的方式、提升娛樂體驗、加深我們對一個地方的了解，以及影響我們整體的幸福感受。

Smell-O-Vision 回歸

以氣味提升媒介體驗的想法源自於 Smell-O-Vision，這項技術是由 Hans Laube 發明，在 1939 年紐約世界博覽會（New York World's Fair）初次登場。1960 年，此技術被帶到了電影院，推出了第一部 Smell-O-Vision 影片 *Scent of Mystery*。氣味會透過塑膠管線直接被導到個別座位上，這些味道會與螢幕上的動作同步。這三十種不同的氣味包括片中神祕女孩的香水味、菸草、柳橙、鞋油、葡萄酒（一個角色被掉落的酒桶砸死時）、烤土司、咖啡，以及薄荷。該部片的宣傳廣告[1]上寫道：「最初他們動了（1895）！然後他們開始講話（1927）！現在他們有味道了（1960）！」AR 也有類似於電影歷史的技術進程：一開始是會動的無聲圖像，接著整合了聲音，然後實驗如何重現其他的感覺，像是嗅覺。因為有些氣味延遲得太久、氣味散布系統運作起來的噪音太大令人分心，以及某些味道使得觀眾噁心想吐，*Scent of Mystery* 成了一部失敗之作。將 Smell-O-Vision 帶到其他戲院的計畫停擺了，而該部影片則發行了無味道的版本 *Holiday in Spain*。

初次發行 50 多年後的 2015 年 10 月，*Scent of Mystery* 再次於英國布拉福（Bradford, England）和丹麥哥本哈根（Copenhagen, Denmark）播映，而且是以原本的方式放映，也就是帶有氣味。「我希望這是讓人們注意到嗅覺潛能的一種方式」，該次重新放映的製作人 Tamara Burnstock 說道。「這是復興氣味電影院的機會」。

1　「Scent of Mystery with Smell-O-Vision Powered by Scentevents」（*http://bit. ly/2wb9jST*），2015 年 10 月 13 日。

這是學習今日可以如何改善，以及未來擴增嗅覺體驗應記取什麼教訓的機會。這次重映重新想像了原本片中所用的氣味，並強調觀眾與類比方法的互動。灌注有「神祕氣味（scent of mystery）」的扇子放置在每張座位上，讓觀眾在得到提示時扇動，噴瓶會在特定時刻發放，而帶有濃重氣味的演員則會在觀眾席走動。

除了散布氣味的方法外，該次重新放映也實驗了氣味序列與一種氣味的風格語言，這能在擴增嗅覺技術劇本添上一筆。

舉例來說，他們發現氣味釋放的順序至關緊要，玫瑰的香味必須在大蒜之前引入。至於表現方式，某些味道，像是柳橙園，就與螢幕上發生的事情有直接關聯，而其他場景則把氣味當作基調來套用，以創造一種氛圍，類似電影配樂那樣。

The Secret of Scent: Adventures in Perfume and the Science of Smell（HarperCollins，2006）的作者，生物物理學家 Luca Turin 相信 Smell-O-Vision 從未起飛的原因之一是你沒辦法像顏色那樣使用原色創造出大量不同的氣味。The Institute for Art and Olfaction（藝術與嗅覺學院）的創立者 Saskia Wilson-Brown 負責監督 2015 年那次放映的氣味合成與製作，證實了氣味的運用頗具挑戰性。雖然今日可用的科技更多，也對嗅覺可以如何使用有更好的了解，她坦言氣味操作全然還是實驗性質的。

批評者稱 Smell-O-Vision 是 1960 年代的宣傳花招。焦點若仍放在技術而非提供有衝擊性且令人信服的體驗，AR 也有變成噱頭的風險。

「你要如何讓氣味成為故事的一部分，而不是引人注意的花樣呢？」，Wilson-Brown 問道。「這是一種語意（semantics）問題，問的是如何創造一種共通的語言和共通的意義，這極其困難，因為氣味可能是非常個人的」。

然而，或許重點不是產生氣味的共通語言或共通意義，或許擴增嗅覺的真正機會在於個人化。*Scent of Mystery* 配合 Smell-O-Vision 的初次放映和再次播映都是面對公共空間中的大群觀眾，從規模上來說比較難以管理。在開發有新裝置的現在，個人或小群體的體驗指出了擴增嗅覺的未來。

Smell-O-Vision 是數位沉浸體驗的先驅之一，就跟 Feelreal 的 Virtual Reality（VR）面具和 Nirvana VR 頭盔（*http://feelreal.com/*）[2] 這些當代裝置一樣。這些原型透過氣味以及風、熱度、水蒸氣和振動為三度空間（3-D）電玩遊戲和電影創造感官知覺。面具戴在你臉的下半部，接上 Oculus Rift VR 頭戴裝置，而頭盔版本則戴在頭上，搭配智慧型手機的顯示器使用。兩種版本都能透過藍牙無線連接到數位娛樂來源裝置。帶有七個可拆卸氣味匣的嗅覺產生器會將氣味蒸散到你的鼻子中。味道的基本組合包括燃燒的橡膠、彈藥、火焰、花朵、叢林，海洋和催情劑的芳香。

遊戲開發人員可以使用 Feelreal SDK 新增不同的氣味與效果，以創造讓人沉浸其中的 VR 遊戲。嗅覺效果也可以使用 Feelreal Player 來加到電影上，無須任何程式設計技能。雖然 Feelreal 的產品目前針對 VR 市場，更分離式的 AR 系統也可能被設計出來為遊戲和娛樂體驗模擬氣味。

個人化的氣味通訊和嗅覺敘事

個人化並不代表擴增嗅覺必須是孤立性或單使用者的體驗。像是 oNotes（*http://www.onotes.com/*）或 Scentee（*https://scentee.com/*）的數位嗅覺裝置能讓你使用智慧型手機發送與接收氣味訊息。Vapor Communications（哈佛教授 David Edwards 與他之前的學生 Rachel Field 在 2013 年創立的）所開發的 oNotes，運作的方式是接受照片，並在一個行動 app 中

2　2015 年這個原型在舊金山（San Francisco）的 The Game Developers Conference（GDC）上展示，也就是專業電玩遊戲開發者最大的年度聚會。FeelReal 在 GDC 之後公布了他們在 KickStarter 上的募資活動，然而募資並未成功：$50,000 的目標只募到了 $24,568 的捐款承諾。面具和頭盔都列在他們的網站上，可以預購。

標註氣味（就像你在 Instagram 照片中使用 hashtags 一樣），然後分享給朋友。

藉由新增感覺資訊到影像上，我們就更能夠完整捕捉和重現一個體驗。食物照片將獲得一個新維度：不管你是在推（tweet）一家新餐廳的餐點，或分享你祖母的食譜，你的照片搭配氣味後，都將變得更令人垂涎三尺。氣味訊息也能在言語不足以分享情感時，用作交流的方式。

oNotes app 中有 32 種氣味可用，它們可被結合產生超過 300,000 種氣味訊息。標註有主要氣味和次要氣味的照片，是透過叫做 oPhone 的硬體裝置來接收。oPhone 有兩個圓柱形塔，由 oChips 匣所構成，用來製造香氛並散發氣味。

Edwards 希望 oNotes 能開創感覺體驗的新紀元，其中嗅覺成為跟視覺或聽覺一樣是不可或缺的一部分。他正致力於創作氣味敘事（scent narratives），並與其他公司（像是 Melchar Media）合作生產使用 oPhone 來擴增說故事體驗的電子書。

這種「oBooks」中的第一本是 *Goldilocks and the Three Bears: The Smelly Version*，2015 年 在 紐 約 皇 后 區（Queens, New York） 的 Museum of the Moving Image（動態影像博物館）和加拿大蒙特婁（Montreal, Canada）的 Phi Centre 展出。這本 oBook 結合了 iPad 上帶有插畫的電子童書，以及 oPhone 的氣味釋放系統。帶有卡通狀鼻子的圖案出現在這本電子書選定的頁面上，提示使用者點觸它。然後那個鼻子就會消失，出現「oPhone 準備中」的訊息。經由藍牙連接到 iPad 的 oPhone 會從它的圓柱塔之一射出一縷空氣，帶有與故事章節對應的氣味。這個氣味大約持續 10 秒。

Edwards 也在研究如何將氣味帶到音樂中，透過揉合聲音與氣味的 oMusic，這 是 作 曲 家 Daniel Peter Biro 與 調 香 大 師 Christophe Laudamiel 合作的原創作品。以氣味取代文字、影像，甚至音符，讓新型態的豐富感官敘事變得可能，有潛力創造出超越單純視覺與聽覺的強大變革性情感體驗。

oPhone（最近一代的）並不是非常便於攜帶的裝置。當科技變得夠小能放入口袋，或能直接內嵌在智慧型手機中，或分離式地整合到其他可穿戴裝置（例如 AR 眼鏡）中，數位嗅覺裝置才真正有機會進入大眾市場。

嗅覺能當作一種非口語式的通訊方法來用，為不同的氣味指定意義（類似使用 Smartstones 之類的產品設定觸感祕密訊息，如第 3 章中所討論的）。2013 年開發出來的 Scentee 是形狀像是小型泡泡、帶有 LED 燈的一種可攜裝置（大小如同櫻桃小番茄），你可以將之接到智慧型手機的耳機插孔。它與一個搭配的 app 一起使用，會噴發出香氣來與朋友或家人溝通。你可以使用 Scentee 進一步訂製你的體驗，接收電子郵件或臉書按讚的氣味通知，甚至還有能與你智慧型手機鬧鐘配合的計時香味。Scentee 也為開發人員提供一個 SDK 來創建應用程式。

倫敦和紐約公司 Mint Foundry 所建造的 Olly The Smelly Robot（*http://www.ollyfactory.com/*），是一個由 USB 提供電源的小型裝置，它也會在你接收到社群媒體提及，或指定的其他通知時，散發氣味。你可以使用 3-D 列印機或現成的零件自行建造（*http://www.ollyfactory.com/instructions/*）Olly。

使用像是 Scentee 或 Olly 的裝置接收帶有氣味的擴增通知，可能在未來提供新穎的使用者體驗。除了彈出到你 AR 眼鏡上的文字通知，嗅覺也可被用來產生提示。你可能會想要小心挑選什麼氣味用於何種通知，因為它可能銘印在你記憶中。然而，選擇不好的氣味（這很主觀且每個人都不同）可能是強調緊急程度，讓重要通知不被忽略的一種辦法。

我想像這種介面將會需要一種氣味快取清理模式。從 *Scent of Mystery* 的再次播映所學到的教訓之一，就是玫瑰香味不能跟在大蒜氣味後頭。就像聞多種香水之間，你會嗅一嗅成碗的咖啡豆以清除香味，或餐點之間上的果汁飲料作為一種味覺清理器，這種感覺中和技術可以應用在擴增氣味體驗中。

數位嗅景

擴增的氣味可用來描繪風景（landscape）從而創造出一種嗅景（smellscape）。倫敦大學學院（University College London）的考古學家兼設計師 Stuart Eve 發展了一個原型來幫助我們聞一聞歷史。The Dead Man's Nose[3] 是一個戶外的 AR 氣味遞送系統，能回溯時間將使用者轉移到青銅時代（Bronze Age）。它透過 GPS 資料根據你的位置創造出嗅景。氣味被用作進一步提升 AR 體驗的一種方式，與其他的感覺結合在一起。

已經有幾個以視覺重現歷史風景的計畫存在，但 Eve 的作品是第一個套用嗅覺作為體驗一部分的計畫。Eve 的 AR 體驗位在康瓦爾郡（Cornwall）的一個史前聚落所在的地點上。他解釋道[4]：「我不只能走在現代的青銅文明風景中，看到擴增過的圓屋（roundhouses），近距離聽到青銅時代的綿羊叫聲，我還能在走進村落時，聞到起火煮飯的味道」。

The Dead Man's Nose 由一個 Arduino 電路板所構成，連接到四個小型的電腦風扇。這些風扇安裝在特製的木箱中，每個木箱都有一個小抽屜，裡面裝有一塊浸透氣味液體的棉花。Eve 寫了一個 Arduino 小程式，接受 BLE（Bluetooth Low Energy）連線，並在序列埠監聽等候編碼過的訊號。依據接收到的訊號，它會開啟或關閉其中一個風扇（送電給它）。

Eve 也寫了一個簡單的 iOS 應用程式。這個 app 為使用者提供了四個開關（每個風扇一個）以及一個連接（connect）鈕。當「connect」按鈕被按下，app 就會透過藍牙連接到 The Dead Man's Nose 的硬體，使得開關得以作用。此時使用者可以切換開關來打開或關掉任一個風扇。當有某個開關被切換，適當的訊號就會經由藍牙序列連線送出，啟動對應的風扇。

3　「Archaeology, GIS and Smell (and Arduinos)」（*http://bit.ly/2waT9sP*）

4　同前註。

為了 The Dead Man's Nose 的地理風景，這個 app 會透過智慧型手機的 GPS 讀取使用者的實體位置。使用內建的 iOS CoreLocation CircularRegion 方法，它就能創造數個「地理圍欄（geofences）」（或嗅覺區域，smellzones），以指定的半徑圍繞預先提供的一串座標。這些嗅覺區域每個都配有一或多個風扇的 ID，依據使用者想要聞的味道來配置。當使用者實際走進其中一個嗅覺區域，就會偵測到跨越地理圍欄的動作，序列訊號就會被送出，關聯的風扇就開始吹送。雖然 GPS 沒有涵蓋的地方（例如畫廊內）尚未實作，iBeacons（第 4 章討論 Detour 和 Cities Unlocked 時詳述過的）也可用來觸發氣味。

The Dead Man's Nose 中用到的味道都是由氣味供應商 Dale Air （*http://www.daleair.com/*）所提供。Dale Air 已經製作了超過 300 種不同的氣味，從 Chicken（雞）到 Dirty Linen（髒亞麻布），到叫做 Dragon's Breath（龍之吐息）的氣味都有。Eve 提到為每個嗅覺區域挑選適當氣味的困難性：

> 就我目前找過的，還沒有人製作出「儀式過後的死亡氣息」。然而，很重要的是要記得創造出過去的氣味並不代表我們會以跟過去之人相同的方式體驗或解讀它們，取而代之，我們是使用它們作為一種輔助，挑戰我們思考某個地點或景觀的方式。

Kate McLean 是另一位使用嗅覺挑戰我們思考場所方式的研究人員，特別是都市風景。她說（*http://sensorymaps.com/about/*）：「我專注於人類對於都市嗅景的知覺感受。雖然視覺主導了資料表現方式，我相信我們應該利用替代的感官模式來創造場所的個人化及共通的解讀」。McLean 在嗅覺方面的作品不只專注在她認為備受忽略的人類感官，也強調被忽略的都市設計面向。

這些年來 McLean 領導了多個「嗅走（smell walks）」研究團體，跨越了阿姆斯特丹（Amsterdam）、巴黎（Paris）和紐約（New York）這些都市，其中她請當地人在他們的都市四處漫遊，記錄他們的嗅覺印象。然後她使用這個嗅覺資料來建造城市嗅覺地圖形式的氣味視覺

化。她正在開發一個 Smellscaper App 以更好地支援這些漫遊的嗅覺記錄工作，包括依據地理空間錄製的氣味音符，並讓參與者能依循某個嗅走穿越城市（McLean 目前並不打算讓這個 app 發出氣味）。

McLean 的 Smellscaper App 就類似使用 Detour 的位置感知聲音導覽，如第 4 章討論過的。只不過這裡不使用聲音，而是讓你的鼻子帶領你，讓你的感官重新專注於周遭的氣味，藉此重新思考你感受一個城市的方式。Google Nose 這個愚人節惡作劇事實上可被用來預覽一個城市的嗅覺地圖，讓我們使用經過嗅覺提升的 Google Maps 或 Google Street View。

健康與擴增嗅覺

雖然城市風景可能自然散發它們自己的氣味，還是有像 Ode（*http://www.myode.org*）之類的產品專門設計來釋放食物芳香，幫助失智症（Dementia）或阿茲海默症（Alzheimer）患者過生活。在早餐、中餐和晚餐時間釋放不同的氣味，Ode 能創造用餐時間的感官連結，刺激胃口以緩和體重減輕的情形。Ode 是倫敦設計公司 Rodd 與 The Olfactory Experience 的香味專家 Lizzie Ostrom（*http://www.odettetoilette.com/*）合作開發的一種硬體裝置。它使用會在用餐時間觸發開啟兩個小時的嗅覺匣。

失智症後期體重減輕是很常見的情況，也可能是病發的早期指標。Ode 能以令人愉悅的食物香味下意識提升飢餓感，例如蔬菜湯、紅燒牛肉砂鍋或黑森林蛋糕。作為額外的功效，它還能幫助改善心情。這家公司在他們網站上特別提及許多顧客感受到的行為改變，並指出安裝 Ode 後的兩週內，有 50% 的使用者平均增加了兩公斤的體重[5]。Ode 是以氣味擴增環境，進而改變習慣並提升幸福感的例子之一。

Ode 是讓食物香味充滿整個房間，Jenny Tillotson 博士正在發展的 eScent® 這個嗅覺可穿戴專案則較為局部性，直接將味道送到使用者的鼻腔。作為預先設置好的智慧型手機應用程式，eScent 會構成一種非侵入式的「氣味泡泡」包圍臉部，藉由生物特徵感應器、聲音、

5　Ode（*http://www.myode.org/impact-of-ode/*）

計時器或其他以感應器為基礎的觸發器,為使用者創造出一個持續存在、察覺得到的氣味區域。依據情境在對的時間、對的地點釋放能讓心情變好的微劑量香氛,或其他有益氣味。這可能是在偵測到壓力變大或睡眠受到干擾時,釋放幸福的味道。它能在對的時間送出薄荷味,以提升認知表現或執行速度,或聽到有蚊子在飛時,釋放蚊蟲驅散劑。

Tillotson 相信,eScent 的真正價值是作為診斷工具。她解釋醫生如何能將 eScent 用於神經退化性疾病(neurodegeneration),使用智慧型手機上簡單的 app 為病人設置一種個人化的氣味定時釋放系統。「現在醫師診斷這些疾病的方式是手動觀察嗅覺反應(是否減損),因此進行相同檢查的程式能以更精確的方式監測嗅覺能力」,Tillotson 說道。

Tillotson 曾跟神經科學家和阿茲海默症專家談過這個應用程式。她說阿茲海默症或帕金森氏症(Parkinson's disease)早期診斷的困難點在於這些疾病的特異性之一,也就是如何辨別出因為其他因素導致嗅覺喪失症(anosmia)的錯誤警報。Tillotson 也正為此發展解決方案。eScent 向我們展示了嗅覺科技並不僅限於娛樂和通訊,也可以對醫療照護產業有真正的衝擊。

品嚐數位

以味覺感受數位的能力可能提供進一步的健康效益。Project Nourished(*http://www.projectnourished.com/*)是在 VR 中模擬用餐的體驗,幫助有食物過敏或食物不耐症的人避免相關的後果。Project Nourished 的創始人 Jinsoo An 說他並沒有要改變我們的飲食習慣,模擬用餐並無法取代真正的進食,取而代之,他是要提供一種新的方式,讓我們可以偶爾品嚐那些被認為不健康的食物,或在某些飲食文化中被視為禁忌的食物。這個計畫的靈感來源是 An 的繼父,他患有糖尿病,不再能食用他最愛的某些食物。An 希望能提供一種美味可口的模擬體驗,而且不會使血糖飆升。

這個系統包含一個 VR 頭戴裝置來模擬視覺、一個芳香擴散器來產生味覺,以及一個骨導式傳感器藉由振動創造咀嚼聲。一個陀螺儀器具用來操作虛擬和實體食物,還有一個 3-D 列印的藻類和水膠體聚合物

立方體添加味道和觸感。在虛擬環境中，那個立方體能夠產生它們要重現的食物之氣味、味道和質感。舉例來說，酵母和有機香菇粉用來為虛擬牛排產生乾式熟成的風味。Project Nourished 的主要食物成分為藻類，An 希望藉此達到另一個效益：降低對資源的依賴程度，減少我們的碳足跡。

Project Nourished 是一種 VR 體驗，而來自東京大學（University of Tokyo） 的 一 個 較 早 的 計 畫 Meta Cookie（*https://youtu. be/3GnQE9cCf84*，2010）則使用 AR 來改變你對食物的知覺。Meta Cookie 結合了互動式的嗅覺顯示器，以及上面印有 AR 追蹤目標的普通可食餅乾。一個透明的頭戴式顯示器能讓使用者在 AR 中觀看各種可選的餅乾（不同的餅乾質地和顏色層疊於實際餅乾之上）。挑選了想吃的餅乾風味後，一個氣泵會將你選的餅乾之氣味送到你鼻腔。這會創造出你正在吃那種風味餅乾的感受，即便實際上那是普通餅乾。如果你不喜歡你選的餅乾之味道，你可以換成另一種風味，然後再咬一口。事實上，你可以創造出每一口都有不同風味的終極餅乾，你的體驗完全可量身訂造。然而，值得注意的是，只要印在餅乾上的 AR 符號有部分被吃掉了，它就停止運作了。

幾年後，建造 Meta Cookie 的同一個研究團隊，在 2012 年開發了 Augmented Satiety 進一步欺騙你的眼睛和味覺，目的是要讓你少吃一點。使用 AR 在視覺上改變感知到的食物分量，Augmented Satiety 想要成為降低肥胖率的可能方法之一。研究人員指出心理學研究[6] 顯示，吃下去的食物量不只會受到食物實際體積的影響，進食過程中的外部因素也會有影響。基於這個知識，研究人員希望改變食物看起來的分量，來控制等量食物的飽足（吃到覺得滿足的狀態）感受。研究人員發現，這種擴增能夠控制對於飽足感和食物攝取量的認知。雖然 Augmented Satiety 沒有臨床試驗的計畫，等到 AR 眼鏡和可穿戴嗅覺裝置變得普及，這種進食方式可能就會成為日常生活的一部分。

---

6 Takuji Narumi、Yuki Ban、Takashi Kajinami、Tomohiro Tanikawa、Michitaka Hirose，「Augmented perception of satiety: controlling food consumption by changing apparent size of food with augmented reality」（*http://bit.ly/2f905me*），*CHI '12 Proceedings of the SIGCHI Conference on Human Factors in Computing Systems* (2012): 109-118。

與進食有關的知覺感受,是腦部受到創傷的人現實生活的一部分。大腦受損可能導致吃東西時對食物質地和風味的混亂感,也可能對東西的大小有認知困難,你的感官知覺可能會讓你誤以為某樣東西比實際上 大。Brain Banquet(*http://guerillascience.org/event/brain-banquet/*)是 2014 年 3 月在倫敦舉辦的活動。在那裡,食物以參加者完全不認得的方式準備和供應。它呈現了腦部受創者那種無法描述的感受,其中熟悉的食物以怪異且陌生的方式食用。雖然是各自不同的研究調查,與 Brain Banquet 的活動有所差異,Augmented Satiety 及 Project Nourished 都可能進一步拓展為幫助腦部創傷人士的潛在方法,甚至作為一種同理心機制,協助他人了解這種創傷如何改變對於世界的知覺感受。

數位味覺與嗅覺之未來

對 AR 研究者 Adrian David Cheok 而言,數位味覺的未來與人腦緊密相關。Cheok 之前的研究啟發了像是 Scentee 這類的嗅覺裝置,不過他目前研究的並不是將人造氣味導向使用者的鼻腔,而是探索如何直接刺激腦部以重現嗅覺和味覺。

Cheok 與他在 Imagineering Institute(想像工程學院)的團隊,這是馬來西亞(Malaysia)的一間研究實驗室,正在開發叫做 Digital Taste Interface 的一種裝置,它由一個壓克力箱所構成,你可以伸舌頭進去透過網際網路品嚐不同味道。使用電和熱來刺激,這個介面能夠暫時騙過你的味覺受器,讓你感受到酸、甜、苦、鹹等味道,取決於通過電極的電流頻率。Cheok 也在設計一個運作方式類似 Digital Taste Interface 但用於嗅覺的系統。此裝置具有一個微小的電極,用來插入鼻腔,接觸嗅覺神經元。這個裝置仍在研發中。

「只要能夠直接刺激大腦神經元,我們就能繞過身體的感官」,Cheok 說道。「我們就不再需要直接刺激感官。我們已經能以簡單的方式刺激人類神經元,我相信未來這會變得更加精密」。Cheok 相信我們能在有生之年看到直接的大腦介面。

在第 2 章中，神經科學家 Amir Amedi 討論了繞過他們眼睛的問題，將視覺資訊遞送到視障人士腦部的一種方式。第 3 章中，神經科學家 David Eagleman 展望了一種未來，其中人類的感覺系統受到從網際網路直接流入大腦的即時資料所擴充，並且能夠直覺體驗並感受資料，無須經過分析。當我們能夠繞過鼻子和舌頭，直接刺激腦部以產生嗅覺和味覺，這將使得何種新體驗變得可能呢？

「在所有媒體中，人們都想重新創造出真實世界」，Cheok 說道[7]。他解釋說，電影剛出現時，人們都在拍攝城市街道。「能在影片上捕捉那些光景相當令人驚奇」，Cheok 接著說：「但隨著這種媒體的發展，它成為了一種新的表達方式」。他相信味覺與嗅覺也會如此。現在已經出現數位嗅覺，Cheok 說人們首先會想要跨越距離重現氣味，像是透過智慧型手機送出帶有虛擬香味的虛擬玫瑰，但他認為下一階段將帶來新類型的創作。

我們將看到新穎的嗅覺與味覺探索體驗，超越單純的重現，甚至出現普通現實中不可能的新氣味和滋味。Zachary Howard 的 Synesthesia Mask（*https://youtu.be/9vLSuLL9xLA*）能讓你聞到色彩，就是這種實例之一，將氣味指定給顏色而非物體。雖然 Synesthesia Mask 使用導向鼻子的香氣（而非直接刺激腦部），它開始實驗如何創造與我們所知的世界沒有明顯關聯、全新定義的替代現實。當我們超越複製現實，AR 將會從模擬真實的桎梏中解放，敞開創意大門，探索新型態的表達方式與發明。

7　「Using mobiles to smell: how technology is giving us our senses」（*http://www.theneweconomy.com/technology/using-mobiles-to-smell-how-technology-is-giving-us-our-senses-video*），*The New Economy*，2014 年 2 月 11 日。

6

故事講述和人類想像力

2013 年我在矽谷（Silicon Valley）年度擴增世界博覽會（Augmented World Expo，AWE）上的演說中，我僅以隱喻的方式來描述擴增實境（Augmented Reality，AR），而沒有展示任何實際的 AR。我使用這個領域外的影像，意圖是要刷新並重新架構這個社群和產業對於「我們目前在何處」以及「我們得往哪走」的看法。我其中一張投影片包含透明獨木舟（clear kayak）的設計。這種透明的輕艇為划艇者提供了更沉浸式的體驗，並與環境產生一種直接的關聯。透明獨木舟建立了作為體驗通道的一種透明屏障：划艇者能夠觀看和感受一般獨木舟所無法提供的景色。

透明獨木舟的功能就像一扇大型的窗戶，讓使用者與內容共享同一個物理環境。透明獨木舟給出了「消失」的幻覺，讓划艇者直接留在環境之中。這種透明獨木舟的意義重大，並且是新興 AR 的象徵，其中使用者更深入地沉浸在環境之中，並直接參與互動。AR 體驗始於螢幕，並被拴在桌面上。接著這個科技遷徙到了智慧型手機和平板上，而今日它們正移往智能眼鏡和更先進的裝置。AR 的螢幕終將消失，而我們將會直接沉浸在這個現實混合體的故事之中。這種沉浸感將進一步由情境驅動的個人化體驗加以充實，使用者成了中心。

我們透過故事來了解世界。最好的故事和說書人（storytellers）讓你有沉浸感，好像你就活在故事中一般。故事也能讓我們知曉內情，從他人眼睛看事情。一個偉大的故事是出於內心發自情感的，它點燃、喚起並攪動我們的情緒。它激發反應和迴響。它改變我們。故事帶我們前往他處：到某個事件中、到某個地理位置，或其他的時代。

我將 AR 視為幻想的一種形式，創造出看得到、聽得到、摸得到、聞得到，甚至嚐得到的虛擬故事。人類的幻想能力是一種非凡的力量。它能賦予現實中不存在的東西外觀或聲音，讓一個人、物體或地方變形，並將你轉移到不同的時間或空間。幻想的時候，我們以想像力創造故事。幻想是學習、遊戲、創造力與發明很重要的一部分。它培育出不可能，並激發創新的想法。幻想不僅限於孩童：它是解決問題和取得新觀點的一種有效途徑。

AR 是有強大潛力開拓人類境況的一種新通訊媒介，讓我們重新想像故事被述說和體驗的方式。本章帶我們一觀 AR 如何超越新奇性，在此媒介仍然年輕而可塑造之時，創造引人入勝的說故事體驗。我們會先看看過去有哪些一再出現的敘事主題與慣例，以及藉由指向 AR 敘事未來的新興風格和機制，我們將走往何處。

想像力與創造力

2005 年我發表 AR 和故事敘述的初次演說後，一直留在我心中的感觸是：「如果我不想要使用 AR，而要自行想像，那會如何？」，我分享一個叫做 LIFEPLUS（*http://bit.ly/2viJtPD*）的計畫時，一名觀眾提出了這個問題。LIFEPLUS 是以 AR 重現歷史的娛樂設施實例之一，位在義大利龐貝（Pompeii, Italy）。LIFEPLUS 在視覺上重新建構了龐貝的廢墟，並以虛構的戲劇性重演的方式模擬了古時候的生活是如何。這個歷史古蹟的遊客會戴上頭戴顯示器和背包（攜帶電腦元件和體驗所需的電池），讓他們能夠看到擴增結構內部，觀賞虛構的歷史人物與彼此互動。

如果你想要想像東西看起來的樣子，或一度看起來如何，運用你的想像力而非觀看藉由科技重現的視覺效果，那應該是你的選擇，就像你可以選擇閱讀一本書或觀看電影一樣。如果你選擇看電影或體驗經由科技來表現或提升的東西，那不代表你不再使用你的想像力了，你會持續應用它，進一步延伸你的經驗。我相信 AR 也是如此。AR 不會取代人類想像力，而是以新的方式擴充它，進一步提升學習效果、設計和同理心，甚至會為創造力帶來新價值。我們的科技只會跟我們的想像力一樣好，而 AR 需要人類幻想的能力，來雕塑夢想並創造以前不可能的新體驗。

事實上，我相信新價值和重要性將來自於運用 AR 的想像力和創造力。在大部分的情況下，我們都有科技可用，所以我們要拿它來做什麼呢？我們得在建造科技的同時想像創意的可能性。最棒的 AR 體驗將會是最有創意的。要注意的是，我們並不限於模仿現實，也不受到真實定律的拘束。這種媒介最適合新型態的表達。當此科技變為慣常之物，會是這些創意的獨特表達方式繼續帶來驚嘆。

我們正處於 AR 創意演化的開端。我們可以看到一種風格語言開始成形的跡象，但在這發展初期，此媒介仍然超有延展性。讓我們稱之「濕黏土（wet clay）」時期：這是在極端廣泛且尚無規則的開放範疇中實驗與探索的時期。隨著時間進展，體裁與風格技巧就會漸漸發展出來，屆時要突破既有的慣例可能就比較困難，雖然並非不可能。全新媒介的出現，並不是太常見的事情，這是探索與發現的時期，不只能幫助定義 AR，也會對未來的所有媒介有所幫助。

Presence

Presence（存在感）是虛擬實境（Virtual Reality，VR）所用的一個詞，描述真正「存在於」電腦所產生的虛擬環境中，好像那是真實場所的知覺感受。Presence 用來衡量一個虛擬環境成功讓使用者沉浸其中的程度。媒體理論家 Matthew Lombard 和 Theresa Ditton 將 presence 定義為「未經媒介的幻覺（illusion of nonmediation）」，其中「媒介感覺起來是無形或透明的，功能就像一扇敞開的大型窗戶，讓媒介使用者和媒介內容（物件和實體）共享相同的物理環境」[1]。可能影響 presence 的因素包括視覺校準（visual alignment）的精確度、與環境的同步程度，以及環境回應使用者輸入和動作的速度。

如果 VR 中的 presence 是你「真正在那裡」的感受，AR 中的 presence 就是虛擬內容跟物理環境融合在一起，好像內容「真的在這裡」，在你的實體空間中，融入周遭的感受。思考這的另一種方式是依據「即時性（immediacy）」。媒體理論家 Jay David Bolter 與 Richard Gruisin 寫道：「即時性的邏輯要求媒介本身應該消失，讓

1　Matthew Lombard 與 Theresa Ditton，「At the Heart of It All: The Concept of Presence」，*Journal of Computer Mediated Communication*, 3, no. 2 (1997)。

我們只感受得到媒介所表示的東西：坐在賽車裡或站在山頂上」[2]。Bolter 與 Gruisin 進一步將之描述為「使用者不再意識到他們面對著媒介」，而是站在「與媒介內容的直接關係（immediate relationship）中」[3]。

站立現在變成了跳躍，甚至奔跑，因為你相信擴增內容真的直衝著你來，就像 Pepsi Max 在英國倫敦（London, England）的擴增候車亭（*https://youtu.be/Go9rf9GmYpM*，2014），其中毫無心理準備的通勤者被虛擬老虎、機器人和 UFO 嚇得拔腿就跑。

新科技帶來的存在感引發人類知覺的情緒或物理反應並不少見，這就是早期電影院中人們體驗到的事情。*L'Arrivée d'un train en gare de La Ciotat*（The Arrival of a Train at The Ciotat Station，火車進站），是 Auguste 與 Louis Lumière 在 1895 年執導與製作的 50 秒電影，據說播映時人們因為害怕被螢幕上的火車撞到而從座位上跳起，在戲院中逃竄，就好像火車直向觀眾猛衝。電影開創者 Georges Méliès 說道：「火車朝我們急奔而來，彷彿即將離開螢幕，墜落在大廳中」[4]，而法國新聞報紙 *Le courrier du centre*（1896 年 7 月 14 日）報導：「觀眾本能地退後，害怕被這鋼鐵怪獸碾壓而過」[5]。那時的電影院，就跟現在的 AR 一樣，是完全新的格式。使用今日的 AR，如同 Lumière 的火車，我們也會相信，就算只是暫時的，虛擬殭屍或恐龍追著我們跑，只不過我們不在戲院中，而是在家裡、公司或街上。

2　Jay David Bolter 與 Richard Gruisin，*Remediation: Understanding New Media*（Cambridge: MIT Press, 1999），8。

3　同上，24。

4　Stephen Bottomore，「The Panicking Audience?: Early cinema and the train effect」，*Historical Journal of Film, Radio, and Television* 19 no. 2 (1999): 194。

5　同上，213。

超越新奇

電影理論家 Tom Gunning 稱早期電影院為「景點電影院（cinema of attractions）」，其中「放映電影，讓圖片動起來的機器本身就是令人著迷的事物，而非影片所表現的主題或故事」[6]。在這第二波的 AR 中，我們得超越對於技術的迷戀，開始發展引人入勝的內容和有意義的體驗。2005 年初次體驗 AR 時，我對這種出現在我物理空間但卻不是真的存在的東西感到驚奇不已。對我來說，那是純粹的魔法，不同於我之前見過的任何東西。展示的內容本身並不是那麼精彩：單純是一個靜態的藍色三維（3-D）立方體，讓我驚嘆的是這個虛擬物體的可能性，以及呈現在我眼前的科技力量。邏輯上，我知道那個立方體並非實際存在於我的物理空間，但藉由某種方式，它就是出現在那裡。我好奇除了作為一種舞台戲法外，我們還可以拿那個立方體來做什麼，以及我們如何使用這種科技來訴說故事。

這種存在感（presence）對於首次體驗 AR 或 VR 的人來說通常會非常強烈，但隨著新奇感逐漸消失，可能會對所呈現的幻覺習以為常，使得存在感降低。在 *Virtual Art: Illusion to Immersion*（MIT Press，2014）一書中，媒體理論家與藝術史學家 Oliver Grau 討論觀眾如何先被不熟悉的新視覺體驗所感動，但之後，在「習慣漸漸削落幻覺」後，新的媒介就不再擁有「使人入迷的力量」[7]。Grau 寫道，在這個階段，媒介「變得乏味，而觀眾對於幻覺的抵抗力也變強了」，然而，他指出，也正是在這個階段，「觀察者變得樂於接受內容」[8]。就像在它之前的電影，AR 必須超越對於科技的單純依賴，贏取觀眾的好評，培育出迷人的體驗和故事，博得驚嘆。這是探索 AR 講述故事能力的關鍵時期，如 Grau 所寫道的，在陷入乏味危境之前。

6　Dan North，「Magic and Illusion in Early Cinema」，*Studies in French Cinema* 1 no. 2 (2001): 70。

7　Oliver Grau，*Virtual Art: From Illusion to Immersion* (Cambridge: MIT Press, 2003), 152。

8　同上。

Aura 與情境式存在感

超越新奇性並創造有意義體驗的方法之一，是情境式地（contextually）連接使用者。「Aura（氣氛）」是與存在感（presence）有關的另一個詞。Blair Macintyre、Maribeth Gandy 與 Jay David Bolter 這些研究人員對 aura 的定義是：為「一名使用者或一群使用者」結合一個物體或場所的「文化和個人意義」[9]。他們指出，所有的 aura 都是個人化的，因為它描述個人對於物體或場所的心理反應，而 aura 的這種個人化本質是必要的，因為「aura 只有在個人能將物體或場所連接到他或她自己對於世界的了解時，才會存在」[10]。Entryway 中情境的力量有部分來自真實世界（例如物體或場所）與你帶入給它的個人化情境之結合，包括你的記憶、你的故事，以及你的經驗。

我的看法是，在這第二波的 AR 中，aura 對於 presence 的影響將會更大，因為它將會依據使用者的偏好和獨特情境來量身訂製更個人化的體驗。Macintyre 等人介紹了 BENOGO（Being There Without Going）計畫中研究人員的作品，這個計畫研究物理位置的獨特性，以創造「更令人信服」的 VR 體驗。就 VR 中的 presence 而言，他們認為這個領域的研究受到 VR 應用中典型的「通用（generic）」虛擬世界所阻礙，而產生存在感的最佳方法是讓使用者處於有意義的情境，這是他們稱為「情境式存在感（contextualized presence）」的一種做法。

2017 年 5 月，Stanford Center for Image System Engineering（史丹佛影像系統工程中心）的一場演講中，AR 先驅 Ronald Azuma 分享了他對於 AR 故事敘述的想法，表達了他的信念（我完全同意的）：AR 中引人入勝的新體驗將會是能夠有意義地結合真實和虛擬，在其間產生連結的那些。「因為如果所有的威力都源自真實，那為何要擴增？而如果所有的威力單純來自虛擬事物，那為何要做 AR？何不乾脆使用 VR？」。

9　Jay David Bolter 等，「Presence and the Aura of Meaningful Places」，*7th Annual International Workshop on Presence Polytechnic University of Valencia, Spain*: 13–15 October (2004): 37。

10　同上。

Azuma 分享了 *Reality Fighters*（*https://youtu.be/zipHSPewumA*）的例子，它是一個 PlayStation Vita AR 遊戲，由 Sony Computer Entertainment 所推出（2012）。他解釋這個遊戲如何使用現實作為背景，但卻與物理環境的獨特性沒有任何實際關聯。要將現實連結到遊戲，創造更沉浸式的體驗，他建議讓其中的鬥士（fighter）能夠使用環境中的真實椅子攻擊其他角色，或將真實世界中的磚牆整合到遊戲中，協助抵禦攻擊。

Azuma 在他的演講中討論了 AR 故事敘述的策略，其中有兩個是 *Reinforcing*（強化）和 *Remembering*（記憶），它們與這裡提到的 aura 和情境式存在感特別有關。

Reinforcing 策略重視無論擴增與否本身都意義非凡的真實場所。你能以適當方法擴增它，利用該地點的實際特色，建造更有衝擊的整體感受。Azuma 給了 Battle of Gettysburg（蓋茨堡之役）為例，指出拜訪 Gettysburg 所在地時，如果你知道那個地點在美國歷史中扮演了何種關鍵角色，那麼光是待在實際發生過重大事件的那裡，就是一種強大的情感體驗。

他 也 提 到 了 110 Stories（*http://www.110stories.com*）， 這 是 Brian August 在 World Trade Center in New York City（紐約市世界貿易中心）原地點所建立的 AR 體驗（2011）。110 Stories 是一個 AR 智慧型手機 app，能讓你實際看到那雙塔曾經聳立之處。Azuma 指出他認為使 110 Stories 成為一種衝擊體驗的兩個要素。第一個是 August 沒有寫實地描繪出 World Trade Center，而是以素描草圖的形式呈現高聳雙塔的輪廓，就像用油性鉛筆畫出來的那樣。「這在技術上容易一些，但對我來說更令人讚賞，因為這與此體驗試圖傳達的故事相符，也就是雙塔不在那裡了，不在它們原本應該存在之處」，Azuma 說道。第二面向是，你能夠用這個 app 為擴增場景照相，他們也邀請你寫出為何想要拍照，以及那對你的意義，而這會被分享在該計畫的網站上。Azuma 評論說這些分享的故事非常能夠激發人們的情緒。

我將 Reinforcing 策略視為以注重情境的方式表彰特定場所實際特色和「氣氛（aura）」的一種方法（用 Macintyre、Gandy 與 Bolter 的話來說），而 110 Stories 這個例子是讓你將個人故事帶入擴增場景，進一步充實體驗的一種方式。Azuma 提出的第二個策略是 Remembering，它奠基於這個想法。

Azuma 解釋說 Remembering 與 Reinforcing 策略類似，但它更為個人化。「Gettysburg 具有重大的意義。每個人都知道且共享那個地方的意義。但我在 Stanford 的經驗可能與你們大不相同，我對特殊地點可能有不同的回憶」，他說道。Remembering 策略將記憶和故事與它們實際發生的真實位置結合在一起。

Azuma 舉他的婚禮為例，他有婚禮的照片和錄影，但如果他能看到那些媒體透過 AR 全部內嵌在事件發生的地點呢？「那會是一種強大的體驗！」，他驚呼。那之所以強大，是因為那是對他個人有深刻意義的事件，而他能在原本發生的地點再次經歷，創造強烈的情境式存在感。

Azuma 強調：「並非所有的故事都得是由專業說書人針對大眾市場的觀眾所寫。有時對我們而言最重要的故事是那些個人的，只跟家人或親近朋友分享的那些」。我們設計 AR 故事體驗的未來並擁抱現實與個人故事的強大交互作用時，記得這一點會是很有幫助的。

再媒介化和超越舊媒介

每個媒介（medium）都會從它們之前的媒介那學習。Bolter 與 Gruisin 稱這為 *remediation*（再媒介化），AR 再媒介（remediates）了電影與特效，而 AR 之後的媒介也會再媒介 AR。（我們尚不知道那個媒介會是什麼，現在先別煩惱那個，但如果你好奇的話，我猜測那會是 AR 的一種延伸，融合人腦與計算能力，達到甚至更直接的體驗，並以我們所有的感官以更整體與合成的方式感受世界。）再媒介化的挑戰是，一個新媒介出現時，它通常會複製之前媒介的特質。這的危險性在於，新媒介專注於舊媒介的特性，而非運用真正新的特色。

所以，我們要如何推動媒介的發展，而非單純複製之前的東西呢？「濕黏土（*wet clay*）」，很多很多的濕黏土。這不只是讓各類藝術家參與的絕佳時機，而且是關鍵時刻，我們必須現在就開始。新媒介具有表達力的語言不是一夜之間就能發展完成，電影有很長的風格發展歷史，就是很好的例子。「Edison 在 1890 年代製作他的早期電影時，他就已經擁有製作好萊塢（Hollywood）劇情片的大多數技術了」，紐約大學媒體研究實驗室（NYU Media Research Lab）的 Ken Perlin 說道 [11]。「花了數十年才發展出過肩鏡頭（shoulder shots）、雙人鏡頭（two-shots），以及剪輯（editing）。重點不在技術」。

這裡是我常問的 AR 問題：「是科技（technology）驅動故事敘述，還是故事敘述（storytelling）驅動科技？」，我相信 AR 兩者都需要。在第一波的 AR 中，主要由科技領路，但現在這第二波 AR 中，我們看到重點移往了引人注目的故事所驅動的體驗設計。這必須建立在 AR 作為一種媒介的獨特性質之上，其中科技能夠影響故事敘述。在這個濕黏土時期，藉由定義我們想要訴說的故事類型，並將那些能力建置到科技中，我們也有能力影響技術的發展。

媒體理論家 Steven Holtzman 論述道，改變用途（repurposing）的做法「沒有運用到媒介的特質」，而「最終定義全新表達語言的，正是那些獨特的性質」[12]。他將改變用途描述為「安全踏入陌生領域」的「傳統步驟」。然而，Holtzman 強力主張我們必須「超越舊的」以發現新的，因為「就像路標，改變用途是指出彎道附近有重大變化的標誌」[13]。而對 AR 來說，重大變化真的就在彎道處，特別是我們看得到第二波 AR 即將湧出的現在。我們可以將第一波的 AR 描述為「傳統步驟」，其中我們見到二維（2-D）視訊在 AR 中被疊加到紙張上的技術，像是擴增書籍或報紙（之前的媒介以新格式呈現的例子之一）。第二波的 AR 開始真正地「運用 AR 媒介的特質」，也就是情境（context）。我將第一波的 AR 視為重新調整用途的新穎事物，這對新媒介來說很常見，並作為抵達第二波 AR，開始建造新表達語言必要的一步。

11　「Exploring Future Reality」（*http://bit.ly/2fcsiIZ*），*NYC Media Lab*。

12　Bolter，*Remediation*, 49。

13　同上。

媒介特異性

在 *The Cinema as a Model for the Genealogy of Media* 中，媒體理論家 André Gaudreault 與 Phillipe Marion 評論電影固有且「最基本」的性質：「捕捉（capturing）和重構（reconstituting）的行為是此媒介的技術中心。最為重要的是，此科技從在螢幕上投射移動影像來展現時間流動的能力推衍而出的說故事本質」[14]。在我早期的 AR 作品中，我相信 AR 就像電影，也擁有述說故事的本質，來源是它以新方式表達時間的能力，有辦法將動態或靜態影像疊加或投射到現實和物理環境之上。我的第一個 AR 原型和藝術作品專注於使用視訊的電影敘事體驗，在其他人的焦點都放在 3-D 模型的當時，這是獨樹一幟的做法。

我仍然相信 AR 具有說故事的本質，然而，我認為它超越了第一波 AR 的疊加特質。AR 的可能性遠遠超出了影像的投射，改為強調即時的覺察、轉譯、沉浸、感官整合，以及對我們世界全體的嶄新理解。如我們在前幾章中所看到的，第二波 AR 的發展方向是運用多重感應器和偵測能力而新湧現的意識與沉浸體驗。使用者的環境將會持續被分析，以提供情境相關的最佳體驗（而非對每個人都完全相同、預先設置的內容）。

在「Video: From Technology to Medium」 這 篇 文 章 中，Yvonne Spielmann 討論一個媒介如何「從湧現的新穎科技發展出具體的媒介語言」以及該媒介之能力特有的「美學詞彙」[15]。針對視訊（video），她寫道：「一旦這種媒介限定的表達方法組合成形，視訊就會變成能與其他既存媒介有所區隔的媒介」。Spielmann 識別出了視訊與其他媒體形式（像是電視）共有哪些技術特徵、它如何使用這些特質作為基礎，以及視訊限定的影像與其他媒體形式有何不同、有哪些差異是刻意的。在 AR 再媒介化（remediation）和透過媒介特異性（media specificity）與其他媒體形式做出區隔以發展新型態表達方式的過程中，這些都是我們要問的重要問題。

---

14 André Gaudreault 和 Phillipe Marion，「The Cinema as a Model for the Genealogy of Media」，*Convergence*，8 no. 12 (2002): 17。

15 Yvonne Spielmann，「Video: From Technology to Medium」，*Art Journal* 65 no. 3 (2006): 55。

讓我們具體看一下 AR 作為一種媒介，如何奠基於電影之上。第一波的 AR 與電影共有的是一種套用多媒體元素的方法，例如移動的圖形、聲音、錄像，作為一種表現模式，透過剪輯和藝術決策來訴說真實或虛構的故事、紀錄片或奇幻片。它以電影為基礎，在能夠用作螢幕或會場的任何物理表面或環境，動態地即時（real time）擴充那些可能性。AR 體驗與電影之間刻意為之的差異是，AR 以新的時空模型呈現那些故事：虛擬與現實依據情境進行的就地（in situ，在當地原處的）即時整合。

這並不代表 AR 需要或將會獨立於其他媒介而單獨存在：它能與其他媒介搭配，而其他的媒介也會對它感到好奇。舉例來說，Lucasfilm（盧卡斯影業）的 Industrial Light & Magic Experience Lab（ILMxLAB，工業光影與魔幻體驗實驗室）在 2016 年 6 月宣布與 Magic Leap 合作。ILMxLAB 創立於 2015 年，致力為 VR 與 AR 之類的沉浸式平台創造新體驗。他們合力為 Magic Leap 的神祕技術開發 *Star Wars*（星際大戰）相關的內容。Magic Leap 的 CEO 兼總裁 Rony Abovitz 說道 [16]：「我們一直在測試這些故事體驗並試著讓混合現實（mixed reality）不只是新奇事物，而是電影工作者和其他人能夠實際用來創造真實體驗的一種方法，以及能為 Star Wars 這類的故事宇宙增添色彩的東西」。ILMxLAB 的執行創意總監 John Gaeta 進一步說道：

> 其中心為說故事體驗，以及那所引領的方向。我們了解這些新興平台的重點在於體驗。重要的是你的體驗，如何將你放入一個宇宙，讓故事發生在你周遭，以你為主角。這是此實驗室要探索的一種不同形式。

思考 AR 的另一種方式是作為之前媒介格式的結合體。網際網路（internet）是匯集其他媒介（音訊、視訊、印刷文字）的一種通訊媒介，但它仍有自己的風格語言和形式特質。舉例來說，web 上的文章通常比傳統印刷物還要短，雖然新聞報導能被再媒介（remediated）到線上，並保持原狀。在融合之前媒介這方面，AR 就像是網際網

16　「Magic Leap Partners With Lucasfilm's ILMxLAB」（*https://thescene.com/watch/wired/magic-leapjoins-with-ilm-and-lucasfilm*），*The Scene*。

路，以新的風格將它們結合在一起。Magic Leap 的 HoloLens 和宣傳影片在 AR 中使用平面來模擬螢幕以顯示電子郵件，甚至電影。這是 AR 學習之前媒介的例子之一。這帶入了使用之前媒介的已知方法，令人感到熟悉，但我們很有可能會學到的是，我們必須在 AR 新媒介的容器之中重新思考這些舊媒介格式，特別是從使用者體驗的觀點。舊有規則不僅不再適用新格式，它們根本行不通。而因為這全都是新的，我們得定義這些新的體驗。

說故事的慣例：過往經驗

所以，在 AR 的故事敘述領域中，正在成形的慣例（conventions）與風格（styles）有什麼？而它們正往哪個方向發展？在過去 12 年間，我觀察到接下來的子章節中所描述的做法一再出現。首先值得注意的是，新的視覺語言，或是「它看起來怎樣」，僅是 AR 的一部分。如前幾章討論過的，AR 不僅限於視覺，而我們也會看到嗅覺、味覺、觸覺和聽覺，或多重感官的組合，逐漸發展出它們特有的風格和感受方式。就這裡的目的而言，因為目前絕大多數的 AR 體驗都是視覺性的，這也會是我們的焦點所在。

1. VIRTUAL TRY-ON

Virtual Try-On（虛擬試穿）讓你能夠成為故事的一部分。不管是戴上虛擬面具、臉部彩繪、穿上衣服，或拿著道具，這些慣例都能喚起想像，讓人想到扮裝遊戲，化身為其他人或別的東西。2013 年，Disney（迪士尼）與 Apache 合作，在英國（United Kingdom）建造了一種 AR 體驗（*http://apache.co.uk/work/disney-become-iron-man/*），讓你虛擬地穿上 Tony Stark（東尼·史塔克）的 Iron Man 3 鋼鐵裝，變身鋼鐵人。Kinect 被用來測量你的身材比例，以製作合身的 Mk XLII 鋼鐵裝。然後你會在面前的螢幕上看到自己變身為鋼鐵人，並且能夠試一試虛擬鋼鐵裝的特殊功能。

Virtual Try-On 不僅限於角色扮演：它被用於購物體驗，讓你試穿產品，例如衣服、眼鏡、珠寶或妝扮（*http://modiface.com*）。這指向了一種以你為焦點來驅動的情境式敘事機制：你成為了主角，你就是明星。Virtual Try-On 帶來的存在感（presence）通常會很強烈，因為它

是個人化的,你的身體變成了體驗的一部分,擴增的內容被映射到你的身上,跟著你移動。

Snapchat 的「Lenses」是一種好玩的體驗,它使用智慧型手機的前鏡頭將帶有簡短動畫的擴增想像內容即時投映到你的臉上。這些會持續更新的 lenses 能將你變為啃咬著起司的老鼠、讓你頭戴舞動翅膀的蝴蝶所構成的王冠,甚至與朋友交換臉孔。但 Virtual Try-On 的 AR 潛能不僅能讓你變為之前存在過的角色:我們能運用 AR 作為表現自己的另一種個人化方法,就像一種時尚。我們能用這種敘事慣例來突顯我們個人的創意和想像力,挑選我們想要向其他人展現的風格,模糊虛擬化身與我們物理存在之間的界線。2017 年,Facebook(臉書)推出了他們的 AR 平台:AR Studio,它能讓藝術家和開發人員建立 AR 面具,這可能就是探索這種自我表達的一種嘗試。

2. 牆上、地板上或桌上的洞

這種說故事風格藉由視覺幻象幫助虛擬內容轉移進入你的物理空間。在 AR 遊戲中很常見,這是一種視覺技巧,將視覺故事元素與你的物理環境融合,提升存在感,讓你進一步沉浸於在你周遭開展的故事。這種慣例再媒介(remediates)了傳統的 *trompe l'oeil*(「trick the eye」,「騙過眼睛」)畫作,像是 1874 年 Pere Borrel Del Caso 的「Escaping Criticism」(*http://bit.ly/2wpguqd*),其中一名小男孩看起來似乎正走出畫框,打破了我們感知到的現實邊界,進入你所在的空間。

透過一些例子,我們能在 AR 中看到這種 *trompe l'oeil* 效果,例如 Int13 的 *Kweekies*(*https://youtu.be/Te9gj22M_aU*,2009), 以及 HoloLens 的 *RoboRaid*(*https://youtu.be/Hf9qkURqtbM*,2016)。*Kweekies* 是一種行動 AR 體驗,讓你在桌上使用印刷的 AR 標記,觸發一個發射台,虛擬角色會從其中湧現,或從那裡回歸。搭配 AR 眼鏡使用,*RoboRaid* 是 HoloLens 上的一個射擊遊戲,讓你對抗隨著裂紋和碎裂聲從四周牆壁穿破而出的入侵機器人,保衛你的家,它使用空間音訊來加強效果和幻覺。

我們可以將大部分（若非全部）的這種 AR 說故事風格視為一種形式的「特效（special effects）」，這一個更是如此。Hole in the Wall（牆上的洞）就像通往更高可信度和存在感的橋梁，但這種比喻可能顯得古老，因為這有點像是個噱頭。這裡，我們或許有辦法以其他方式擴充穿越的概念，例如使用 inFORM（*http://tangible.media.mit.edu/ project/inform/*），這是 MIT Media Lab（麻省理工學院媒體實驗室）研究人員 Daniel Leithinger、Sean Follmer、Alex Olwal、Akimitsu Hogge 與 Hiroshi Ishii 在 2013 年開發的 Dynamic Shape Display（動態變形顯示器）。

inFORM 能將 3-D 內容化為物理實體，讓使用者能以可觸摸的方式與數位資訊互動。其中一個展示中，在另一端透過螢幕直播的人之雙手看似伸展到了螢幕之外（以變動的可觸方塊即時展現），在桌面上移動一個物理球體。研究人員指出：「視訊會議的遠端參與者能以實體顯現，產生強烈的存在感，以及遠距物理互動的能力」。所以不僅虛擬人物能打破物理邊界出現在你的空間，在這個例子中，我們也看到它們開始能即時與你的物理空間互動，甚至更動之，超越單純的視覺幻象。

3. GHOSTS

人眼看不到，消失又出現，並且違抗物理定律（飄浮或穿越物體）的 Ghosts（幽靈）是 AR 中常與科技做主題式搭配的敘事元素之一。早期科技不甚靈光的時候，Ghosts（例如加拿大多倫多 XMG Studio 的 *Ghostbusters Paranormal Blast* 遊戲（*https://usat.ly/2u7CpFA*）中的那些）運作得特別好，因為追蹤與電腦視覺技術不需要精準或完全正確：這不一定會破壞 AR 體驗的幻覺，因為我們原本就預期幽靈是難以捉摸的，現實中的一般規則都不適用。使用 AR 科技來「看見」並找出幽靈這點也很合適，就好像 AR 提供了開向另一個維度的一扇窗，讓我們見到原本肉眼看不到的世界。

Ghosts 指向了 AR 的奇幻及超現實潛能。我們不受限於再創現實，為何不使用 AR 來呈現現實中物理上無法體驗的東西呢？

4. 有生命的圖像

Living Pictures（有生命的圖像）以 AR 展現魔幻的現實，就像 *Harry Potter*（哈利波特）系列故事中的畫像那樣，其中描繪的人物好像有生命，會與畫中場景或外部世界互動。藉由 Living Pictures 敘事慣例，無生命的物體變為了活物，被賦予生命。它讓原本是靜態或凍結於時間中的事物突破障礙，創造開向另一個世界的窗戶，讓畫框中的內容有了生命。

我們可以在 AR 增強的雜誌中看到這種風格。舉例來說，雜誌封面上的靜態照片變為了 AR 影片，介紹拍攝過程的幕後花絮，或照片中人物的專訪。早期的 AR 雜誌有 2009 年封面人物為演員 Robert Downey, Jr.（小勞勃·道尼）的 *Esquire*（*https://youtu.be/LGwHQwgBzSI*）。這個 AR 體驗需要下載一個 AR 外掛程式到你的電腦，並讓你的 webcam 對著雜誌，以在電腦螢幕上觀賞 AR 內容。在 AR 模式中，Downey, Jr. 與雜誌中的廣告就會以視訊和動畫的形式活躍於眼前。

過去幾年湧現的一個數位趨勢是以原本靜態的照片描繪動作，不僅使用 AR。數位照片處理的這種轉變模糊了動畫、影片，與照片之間的分界。例子包括以 Flixel（*https://flixel.com/*）之類的軟體製作的動態靜圖（cinemagraphs），其中靜態照片中個別的元素動了起來，例如模特兒的頭髮在風中飛舞，還有 2015 年 Apple 在 iPhone 6S 上推出的 Live Photos（*https://youtu.be/PTEj8Gfe144*），其中靜態照片的前後幾秒被錄製下來，讓你能夠重播時間中的那個短暫時刻。

這些範例都指向了擴充時間以訴說故事。它們成為了簡短的小插曲，介於視訊短片和翻頁動畫之間。Living Pictures 慣例代表了使用者想要知道更多的時候，得以分享故事背後更多細節和資訊的機會，不管那是廣告、藝術作品，或學習材料。

5. X 光視覺

部分是超級英雄的威能，部分是玩笑，這種說故事慣例令人想起 1960 和 70 年代漫畫書後面廣告的 X-Ray Spectacles（*https://en.wikipedia.org/wiki/X-Ray_Specs_(novelty)*）：「看見你的手骨，穿透衣服！」，X 光視覺（X-Ray Vision）在 AR 中的應用包括讓廣告中的模特兒寬衣，像是 Moosejaw X-Ray app（*https://youtu.be/KbtRgW1ePRg*，2012），它能讓瀏覽服飾型錄的人看到模特兒的外裝和內衣，或是教導人體解剖學的教育應用，例如 Daqri 的 Anatomy 4D（*https://youtu.be/H1uEAUaOxIg*，2015）， 以 及 HoloLens 和 Case Western Reserve University（凱斯西儲大學）合作的醫學教育產品（*https://youtu.be/SKpKlh1-en0*，2016）。

這個說故事慣例也適用於博物館和脆弱的人工製品。2014 年倫敦大英博物館（British Museum in London）的展覽「Ancient Lives, New Discoveries」（*http://bbc.in/2vwn3L4*）就配有互動式的視訊顯示器（而非 AR 科技），透過它你能夠一層層剝開木乃伊化的古埃及人。使用 CT 掃描器，博物館開發了 3-D 圖像，讓你能夠詳細一觀裝飾華麗的石棺內藏著什麼。這種體驗可藉由 AR 技術來增強，讓你使用 AR 眼鏡、智慧型手機或平板電腦直接觀視石棺（而非這種手工藝品上方的螢幕），並層層剝解以探索這個 3-D 模型。

不管是看穿脆弱人造物的層層外殼，或看透他人的皮膚或衣服，AR 中的 X 光視覺都是想要超越我們人類自然能力的欲望象徵。這是 AR 擴展想像力，使看不到的變為可見的例子之一。不僅是行銷手法，這個慣例是用於教育的一種強大的說故事機制，能讓使用者揭開一個學習主題的面紗，安全地學習表層底下的內容。

6. 3-D 繪畫

這種敘事風格的重點是以熟悉的方式操控和創作你自己的現實：用手畫圖與上色。Scrawl（*https://vimeo.com/16430181*）是 iPhone 專用的一個實驗性 AR 繪圖 app，由 String（2010）所製作。這個 app 讓擁有 iPhone 的人能在 AR 中快速地創作東西，而不用有任何程式設計經驗，只需用手指來畫畫。在這個 app 中挑選不同顏色的調色盤和

畫筆，你就能用手指在 iPhone 螢幕上進行 3-D 繪圖。然後你就能移動你的 3-D AR 畫作，從不同角度檢視它。Scrawl 在 AR 中提供了容易親近的創意遊玩體驗，使用我們擁有的最佳工具之一：我們的手指。(在第 4 章中，我們見過 Konstrukt，一種對聲音起反應的 AR 體驗，iPhone 專用，由 James Alliban 所開發，以 String 的 AR 技術為基礎。不是使用手指來畫圖，你可以藉由說話、吹口哨或對裝置的麥克風吹氣來創造虛擬雕塑品)。

Quiver (*http://www.quivervision.com/*，之前的 ColAR) 是一個 3-D AR 著色 app，由紐西蘭 (New Zealand) 的 Human Interface Technology Laboratory (人類介面科技實驗室，HIT Lab NZ) 所開發，並在 2011 年由 Puteko Limited 商業化。Quiver 運作的方式是先從此 app 或網站印出著色頁面，然後你就能使用所選的任何實體工具：麥克筆、水彩、鉛筆或蠟筆。上色完成後，你會使用你的手機或平板透過 AR 檢視這個 2-D 頁面出現在 3-D 中的樣子。角色或物體會以你上的顏色活動起來，從頁面躍出，並可從不同角度觀視。

Scrawl 與 Quiver 展示了在 AR 中創作和表達創意的方法。這將是會持續發展的一個領域，也是能讓各種類型的創作者 (不僅是電腦程式設計師) 在 AR 中創作的重要領域。這兩個 apps 都使用我們熟悉的方式來與世界互動：使用雙手畫圖與著色，並藉由 AR 增強這種體驗，進一步拓展創意和想像力。

說故事慣例：正在出現的有哪些？

讓我們看看幾個正在湧現的其他 AR 敘事途徑。

1. 抽象和藝術 AR 濾鏡

以藝術化手法改變我們現實的視覺濾鏡 (visual filters)，以及能輕易套用它們的照片編輯工具 (例如 Instagram)，已經變得非常普及。這也是 AR 中常被套用的東西。AR 故事不僅限於精確表達現實的視覺外觀：抽象與藝術 AR 濾鏡 (Abstract and Artistic AR Filters) 能讓我們以有創意的方式即時表達我們是如何看待這世界的。

我首次遇見抽象 AR 濾鏡的使用是在 2005 年 Boston（波士頓）的 SIGGRAPH（科學家、工程師和藝術家集結的年度電腦圖形學大會），由 HIT Lab NZ 所展示。這個展示在現實上套用了各種繪畫濾鏡，它們即時的描繪風格從瓷磚效果（tile effect）、到色溫（color temperature），到高斯模糊（Gaussian blur）都有，套用到虛擬物體和實體環境所構成的整個場景上。這些濾鏡讓人難以區分是虛擬元素或物理元素，它們共同交織為一個世界。

那個展示的目標是提升沉浸性，並在 AR 中提供新的表達模式。要注意的一點是，這個 2005 年的展示使用基準標記（fiducial marker，印在紙上的黑白字形）來觸發 AR 物體。使用這種形式的追蹤，整個擴增體驗的過程中，你通常都會一直看到基準標記的白色邊緣，即使有虛擬物體出現在它上面也一樣。將這些即時繪畫濾鏡套用到整個場景之後，這個展示中的基準標記會變得不明顯，創造出虛擬與實體之間的連續性，讓使用者更沉浸其中。今日，這些基準標記不再是必要的（改為追蹤普通物理實體、影像或位置），讓 Abstract and Artistic AR Filters 的做法能專注於表達的創意模式。

Spectacle（*http://uploadvr.com/spectacle-ar/*）是一個當代的 app（2016），由 Cubicle Ninjas 所開發，提供了 50 種不同的濾鏡，透過 Samsung Gear VR 頭戴裝置的鏡頭來擴增使用者的物理環境。它也能讓你捕捉照片。不同於 HIT Lab NZ 的展示，沒有虛擬內容被加到場景中，只有疊加在現實之上的即時濾鏡，但這仍然是未來 AR 體驗可能樣貌的線索之一。

會套用抽象濾鏡或「風格移轉（style transfer）」的其他兩個非 AR apps 是 Prisma AI（*http://prisma-ai.com/*）和 Artisto（*https://artisto.my.com/*）。Prisma 是一個相片編輯 app，你可以用它在你智慧型手機或平板的影像圖庫中挑選一張照片，或以相機拍照，然後套用 33 個不同的濾鏡之一，這些濾鏡的靈感來自於藝術大師，像是 Picasso、Monet、Van Gogh 或 Kandinsky。根據 Prisma 的 CEO 兼共同創辦人 Alexey Moiseenkov，Prisma 用了三個神經網路（neural networks），每個都執行不同的任務，從分析你的影像以擷取藝術風格到將之套用

至影像。Moiseenkov 說道 [17]:「跟 Instagram 濾鏡不同，我們並不只是疊加。我們是從頭重新創造出照片。所以，這並不涉及拍照：我們拿你提供的照片，進行一些處理，然後給你一張新的照片」。Artisto 是一個類似的 app，不過是將藝術濾鏡套用到視訊短片，而非靜態照片。我們也可以在 Apple 的 Clips app 和 Facebook 的 Camera app 中看到風格轉移的功能。

這種類型的機器學習可與 AR 結合來將真實世界轉為藝術作品，為我們的現實上色，即時以新的方式展現我們的世界。在 1971 年的音樂電影 *Willy Wonka and the Chocolate Factory*（*https://youtu.be/r2pt2-F2j2g*）中，當各個家庭初次走進巧克力工廠（chocolate factory）的奇幻現實中，他們無法相信自己的眼睛。「跟著我來，你就會見到純粹幻想的世界」，Willy Wonka 唱道。Abstract and Artistic AR Filters 慣例提供了通往奇幻夢想世界的門道，其中的故事不受現實的拘束。

2. 共享的虛擬空間

第一波的 AR 專注於單一使用者的體驗。我們開始見到新型態虛擬空間的可能性從這第二波 AR 中湧出，其中虛擬空間由使用者共享，允許共存和多使用者的參與。這將會擴展遊戲、教育中的 AR 敘事方式，或甚至我們體驗和描述個人歷史與記憶的方式。

RjDj 與電影導演 Christopher Nolan（克里斯多福·諾蘭）一起開發的 Inception the App（*http://apple.co/2vt9kDR*，2010），使用 iPhone 中的麥克風和感應器來創造取決於情境的獨特 AR 聲景（soundscapes），整合你的位置、活動，甚或當日時間。讓至少一個其他的朋友同時在他們的裝置上玩這個 app，就會有一個新的「夢」或關卡出現，而那是你無法單獨抵達的。如果有七個人在相同的物理位置上一起玩，就能得到特殊成就，解鎖一個特別關卡。我喜歡人們聚在相同的物理空間以推進 AR 故事的想法，而我相信我們會看到更多這類型的 AR 體驗。除了遊戲，這能夠套用到互動劇院，或其他的藝術活動，其中觀眾人數會影響和改變故事，讓它每次都不同。

17　Natasha Lomas，「Prisma uses AI to turn your photos into graphic novel fodder double quick」（*http://tcrn.ch/2vsYAWm*），*TechCrunch*，2016 年 6 月 24 日。

你不一定總是能夠與其他人共用一個物理空間。Skype for HoloLens（ *https://youtu.be/4QiGYtd3qNI* ，2016） 和 Microsoft Research 的 Holoportation（2016）[18] 能跨越距離讓人們聚在一起，在共享的 AR 體驗中遊玩或工作。Skype for HoloLens 讓你的聯絡人看到你所見，讓他們能在你現實中的實體物件上畫圖。這創造了一個共用的空間，一個協作的空間，讓你可以展示，而不僅是訴說。

Skype for HoloLens 的實際演示之一是合作修理電燈開關。穿戴 HoloLens 時，你的視線會即時與視訊通話中的另一個人分享，他使用平板來給你指示。這另一個人能在你看到的物理環境上畫圖，使用箭頭之類的示意圖描述處理各種電子線路並把全部都組裝好的步驟。透過你的眼睛觀看，另一個人能夠指引你逐步完成任務。除了維修外，Skype for HoloLens 在教育性的敘事體驗和創造支援即時速寫的協作工作環境上有很大的潛能。藉由讓另一個人與你所在的空間進行視覺上的互動，它開創了溝通與分享你周圍世界的一種新方式。它也讓一種新形式的創意遊戲空間變得可能，在別人的物理世界上畫圖，並且能夠即時共享那些作品。

Holoportation（全像傳送）是一種新型態的 3-D 捕捉技術，能將人物的高品質 3-D 模型即時傳送到世界上的任何位置。與像是 HoloLens 之類的 AR 顯示器結合時，Holoportation 技術能讓你在 3-D 看見、聽見遠方的參與者，並與之互動，就好像你們共用相同的物理空間一樣。Holoportation 合作研究經理（Partner Research Manager）Shahram Izadi 說道：「想像你能與任何人在任何時間遠距傳輸到任何地方」。在討論這項科技的一部影片中，Izadi 示範了與一名同事的虛擬共存，對方在其他位置穿戴著 HoloLens 裝置。他的同事在 Izadi 所在空間中繞著物體走動，兩個人甚至互相擊掌。Izadi 也與他的小女兒一起示範了家人如何使用這項遠距遊玩與談話，就好像他們在同一個房間中一樣。

除了即時的 3-D 捕捉，這項技術也有能力記錄並重播整個共享體驗。「這幾乎就像是時間倒轉」，Izadi 說道。「我戴上我的 HoloLens 裝置時，感覺就好像走進了活生生的記憶，讓我從另一對眼睛觀看，從所

---

18 「holoportation: virtual 3D teleportation in real-time (Microsoft Research)」，（ *https://youtu.be/7d59O6cfaM0* ）。

有的這些不同觀點」。他指出因為內容是 3-D 的，我們也能夠將之縮小，把它們放在咖啡桌上以較便利的方式重溫。Izadi 說道：「這成為體驗這些即時捕捉的記憶的一種魔幻方法」。

Holoportation 擴增人類記憶，拓展我們回想和講述故事的方式，包括我們個人的歷史。現在我們有辦法在虛擬 3-D 空間中再次體驗事件，超越人類記憶的限制，甚至從若非如此就無法經歷的不同觀點體驗那些事件。不管是家族活動、劇場表演，或設計協作，AR Shared Space（AR 共享空間）都為故事敘述創造了一個新的時空維度。

3. 訴說故事的物體

如果一個物體能夠告訴你它的故事呢？ Blippar 的 AR 視覺探索瀏覽器（*https://youtu.be/byGdr7tV2sY*）app 結合了電腦視覺、機器學習，以及人工智慧，來幫助你更加了解你周遭的世界。將你智慧型手機上的鏡頭對準日常用品，像是消費品、食物、花朵，甚至寵物，這個 app 就能辨識你正在看什麼，並提供與該物體進一步交流的方式。這包括相關文章、影片和附近你會感興趣的地方，全都會出現在你智慧型手機的螢幕上。舉例來說，將手機對準你不熟悉的蔬菜時，這個 app 會識別出蔬菜的名稱、有關的食譜，甚至列出附近可以買到那個蔬菜的地方。Blippar 提供了一種新穎的方式來尋找我們物理現實的相關資訊，使用影像與物體，而非字詞。

Blippar 的 CEO 兼共同創辦人 Ambarish Mitra 稱 Blippar 為「超越搜尋的下一波進化」，他接著說道 [19]：

> 這是了解你周遭甚或找藉口去 Blipp 普通物品的一種有趣方式，藉以發現令人驚奇的事實和故事。

Blippar 的視覺瀏覽器能讓你更加了解你所看的東西，而且不用開啟 web 瀏覽器輸入描述你所見物體的文字，因而創造了一種沉浸式的體驗。

---

19 「Introducing the New Blippar App: The Power of Visual Discovery」（*http://bit.ly/2vlVmn4*）

隨著這項技術逐漸改善並可在 AR 眼鏡上使用，體驗會變得更為沉浸和即時：我們甚至不用將手機對準物體，只需看著物體然後問：「這是什麼？」，物體甚至可能根據你的偏好和情境來告訴你它們的故事，問你：「想不想深入了解呢？」。

除了消費性產品，Blippar 的視覺探索瀏覽器在教育和我們搜尋與檢索資訊同時參與周遭世界的方式上有很大的潛能。Blippar 的部落格寫道 [20]：「我們認為這就像是將世界上最有智慧的眼睛放到世界各地孩童的口袋中，並將之連接到世界上最聰明的家庭教師」。Blippar 教育部門的主管 Colum Elliott-Kelly 解釋作為「家庭教師」的 Blippar 如何在「與網際網路連接」的意義上知道所有的事情，能幫助解釋真實世界。Elliott-Kelly 緊接著指出，然而，成功教育的中心要素是老師。「我們的信念是，依據他們所在位置增補這些老師的能力，讓他們去做教育工作者最擅長的事情，也就是幫助學生達到最佳的學習效果。裝備有 Blippar 的老師能專注在只有人類教師能帶來價值的領域上」，他說道。

Elliott-Kelly 識別出了 Blippar 的視覺探索瀏覽器在教育中三種用途：增進教室學習在探索階段或教室外由學校帶領的活動中之學習效率；將真實世界帶入生活作為學習入口，以及對抗文盲和教育機構的缺乏。

其中第一種，也就是學習的探索階段，可讓學生在教室中四處「Blipp」（使用 Blippar app 與世界互動）物體，或是要求學生 Blipp 學校外的東西，作為他們學習的一部分。「識別任何物體的能力與教育系統和控制體驗平台的結合，意味著學習可以完全『翻轉』」，Elliott-Kelly 說道。「舉例來說，學生可以 Blipp 電源插座來學習電力系統，或當地的橋梁來視覺化工程科學，學習內容由教育者挑選或建立，並監測學生行為和學習效果」。

在第二種用途中，真實世界就是學習的入口，沒有教育者正式指引的學習者也有辦法透過 Blippar 的視覺探索能力識別任何東西，引發使用者的好奇心。「博物館和藝術作品就是很好的例子，但世界上幾

---

20 「Augmented Reality in Education: How To Turn The World Into An Interactive Learning Environment」（*http://bit.ly/2waImyU*）

乎所有的東西都有大量的資訊可供學習。就此，我們在有生命的物體、食物、藝術、工作場所和地標上考慮了很多」，Elliott-Kelly 說道。他指出未來 Blippar 也可能讓你對學習體驗有所貢獻，而非單純使用：

> 你對一件藝術作品的觀點對我來說可能很有趣且珍貴，就像書寫文字或其他傳統資訊來源一樣。所以，當你 Blipp 一件藝術作品並使用相關的學習內容時，我會很希望你也能夠貢獻內容，讓「我」之後 Blipp 的時候也能取用。

第三種用途的目的是要對抗文盲和學習資源的缺乏，其中學習者在教室或家裡可能沒有得到很好的指引，或無法閱讀。Elliott-Kelly 說道：

> 作為一個例子，要運用生物學的可靠學習內容，就需要懂得閱讀並擁有某種有經驗的教育者。我們希望直接讓物體提供沒有這些條件要求的數位內容。背後的想法也相同，由視覺探索進行辨識，配合聰明的 AI 引擎所彙整的內容，不過是用來幫助沒有基本技能和資源的學習者越過障礙。

隨著 AR 敘事慣例和工具以及 AR 學習的持續發展，使用內容之外還提出貢獻的想法成為很重要的考量。這促成了一種讀寫文化，其中我們是主動的參與者，分享我們在這個世界中的故事。這使知識和學習變得人性化。TechCrunch 稱 [21] Blippar 透過它的視覺瀏覽器「建造實體世界的 Wikipedia（維基百科）」，而如果這個「使用並貢獻」的模式得以套用，它真的能夠變為人類全體的擴增維基百科。

4. 動作畫廊和 3-D AR 貼圖

在 3-D 動態 AR 內容的畫廊中挑選，用於 HoloLens 的 Actiongram （*http://bit.ly/2vm1wEy*）能讓你操作和把玩你周遭的虛擬物品，你可以用它們來建立影片並分享。畫廊中的物品包括人物（像是知名演

---

[21] 「Blippar Is Building a Wikipedia of the Physical World」（*http://tcrn.ch/2u7eoyy*），*TechCrunch*，2015 年 12 月 8 日。

員 George Takei（*https://youtu.be/BwWueXlsOrA*））、動物（例如獨角獸）、其他物體（例如 UFO），以及可自訂的文字。「我們提供大量的全像人物（holographic characters）、道具和工具，而你可以用它們來為你想述說的故事建立全像圖（holograms）」，Microsoft Studios 執行製作 Dana Zimmerman 如此說道 [22]。

使用 Actiongram 的時候，你成了導演，依據你挑選的角色和物體，以及在你獨特場景中擺放它們的方式來定義故事。每個故事都不同，而體驗生動有趣。將虛擬和實體元素組合在一起成為你能夠錄製和分享的，是你的想像力。

你以 Actiongram 創造的故事不僅與那些角色和物體有關，更重要的是你選擇將之置入其中的情境（context）。就像玩賞娃娃或公仔，你在把玩的過程中為那些人物塑造了故事。即使是從畫廊中預先定義的人物與動作資料庫進行挑選，重點還是在於你所創造的、將虛擬元素融入現實的幻想。

Actiongram 的優點之一在於，你不需要是程式設計師或動畫師就能在 AR 中創作與分享故事。「Actiongram 能讓沒有 3-D 技能和視覺效果經驗的人成為令人驚豔的全像說書人（holographic storytellers）」，Next Gen Experiences, Windows and Devices Group 全球資深副總裁 Kudo Tsunoda 如此說道 [23]。Actiongram 讓你能夠將 AR 內容放置在真實世界中，以錄製若非如此很難達成或甚至不可能的場景。Tsunoda 解釋：「Actiongram 能讓人們以全像圖和進階視覺效果建立一般需要昂貴軟體和多年經驗才能做到的影片」。美國樂團 Miniature Tigers 使用 Actiongram 為「Crying in the Sunshine」這首歌製作 MV（*http://bit.ly/2hriNGF*，2016）。「藉由這項技術，我們創作了以『Crying in the Sunshine』為靈感的故事，描述我們的太空人英雄。能夠將太空人『放入』我們的空間，繞著他進行拍攝，真的很有趣，非常令人印

---

22 「Microsoft HoloLens: Actiongram」（*https://youtu.be/_3Y7BXEbqcg*）

23 Kudo Tsunoda，「Introducing first ever experiences for the Microsoft HoloLens Development Edition」（*http://bit.ly/2woZccI*），*Windows Blogs*，2016 年 2 月 29 日。

象深刻，就像真的演員一樣」，影片導演之一的 Meghan Doherty 說道 [24]。「使用新的工具來述說故事讓人感到興奮與新鮮」。

我相信 Actiongram 將會啟發更多來自開發人員的 AR 動作資料庫，類似今日我們在即時通訊 apps 中使用的數位貼圖集（digital sticker packs）。數位貼圖（而我預測很快就會有 3-D AR 貼圖）是表情符號（emojis）的延伸，以圖像述說情感豐富的簡短故事，超越了傳統語言。我可以預見動態物件的圖庫被用在 3-D 中，以有趣的方式擴增通訊交流，擴充我們今日在 Facebook Messenger 之類的即時通訊軟體或使用 iOS 10 的 iPhone 上使用貼圖的方式。iOS 10 能讓你直接在訊息中放置貼圖，而非只是以單一個貼圖回應。為何不在真實世界或其他人的環境中放置 3-D AR 貼圖，讓他們知道你正想到他們呢？在你的 AR 眼鏡上以頻頻點頭的 3-D 虛擬獨角獸貼圖回應朋友的訊息，或在朋友之間建置一個共享的擴增故事。Actiongram 與 3-D AR 貼圖將成為今日的虛擬電報。

5. 你就是明星：3-D 擬真的個人化 AR 化身

像是 Actiongram 和 3-D AR 貼圖之類的工具若再搭配個人化的 AR 化身（avatars）就會變得更引人入勝。看看 Bitmoji（*https://www.bitmoji.com/*）有多受歡迎就可以知道，這是 Bitstrips（2016 年被 Snapchat 以超過美金 1 億元的金額所併購）開發的一個智慧型手機 app，它能讓你個人化一個表情豐富的 2-D 卡通化身，用於即時通訊應用程式。要在 Bitmoji 中建立一個數位的你很容易：從幾個選項中挑選，幫助你複製你的外表，像是臉型、髮色、眼睛顏色，甚至臉部線條。完成之後，出現在各種場景中的你的化身，就可在數位貼圖庫中使用。你可以使用 iMessage、Gmail 或 Snapchat 之類的應用程式發送你自訂的 Bitmoji。「有許多資訊是透過你的臉來傳達，而非僅是你的字詞」，Bitmoji 的共同創辦人 Ba Blackstock 說道 [25]。使用 Bitmoji，「你不僅看得到文字，還可以見到你的朋友，它讓你的文字更人性化」。

24　Kim Taylor Bennett，「Miniature Tigers Go Astronautical with Their Video for 'Crying in the Sunshine'」（*http://bit.ly/2unyM9Q*），*Vice*，2016 年 9 月 26 日。

25　Joanna Stern，「Bitmoji? Kimoji? Digital Stickers Trump Plain Old Emojis」（*http://on.wsj.com/2unRY7v*），*The Wall Street Journal*，2016 年 9 月 28 日。

我們可能很快就會用像照片般擬真的 3-D AR 化身取代即時通訊程式中的 2-D 卡通化身。Uraniom（*http://www.uraniom.co/*）的 CEO 兼共同創辦人 Loïc Ledoux 想要幫助你成為你擴增故事的主角。Uraniom 是一個 web 平台，配合一個行動 app，它能幫助你建立一個擬真的 3-D 化身，用於任何的 AR 或 VR app 和電玩遊戲。這個事業一開始是為了克服遊戲玩家常遭遇的一大懊惱：遊戲化身看起來很糟。不過 Ledoux 知道應用不僅限於遊戲。「配合 HoloLens 之類的裝置使用我們的化身，將能讓我們重現近乎真實的人類互動」，Ledoux 說道。「在 AR 與 VR 體驗中，我們將能與同事、家人、朋友相聚，分享許多經驗。我深信，為了重現真實的社交互動，使用擬真的化身是必要的」。

要以 Uraniom 建立逼真的 3-D 化身，目前涉及三個步驟（*https://youtu.be/m8KGIiuXww0*）。首先，使用像是 Structure Sensor（*http://structure.io/*）的 3-D 掃描裝置，或配有 Intel RealSense 的平板電腦來掃描你自己。接著，在 Uraniom 的 web 平台上建立一個帳號，並上傳掃描的結果。最後，選擇你想為之建立化身的遊戲或 app，並依循設定程序（調整頭部大小或膚色等）進行。「我們想要重新定義你的虛擬身分」，Ledoux 說道。他接著說：

> 當然，你將會有跟你一模一樣的化身以用於某些場合（例如商務會談）。然而，如果你希望與家人見面時可以選擇不同面貌的化身，或有陌生人限定的化身可用呢？我們希望在所有的數位環境中，你對你的數位自我都有完整的控制權，不管使用的裝置或平台為何。

Uraniom 與 Holoportation 技術的差異在於，Holoportation 是即時的捕捉和轉移，而使用 Uraniom 時，你自訂的 3-D 化身是預先製作好的，可以放入 AR 體驗中。Ledoux 認為 Holoportation 是一個很棒的計畫，但也看到它可能難以擴展規模的理由。「你需要全方位 360 度的即時捕捉。這所需的硬體配置，除了成本高之外，可能不適合用於某些空間」，Ledoux 說道。「即使經過壓縮，你需要即時傳輸的 3-D 資料量還是很龐大。使用化身，你只需要移動動畫點（animation points）。Holoportation 用於即時互動很有趣，但在某些用例中，可能不是最佳解決方案」。

Ledoux 也將 Uraniom 視為豐富並提升 AR 遊戲體驗的一種方式。他解釋：

> 如果你不是與 NPC（nonplaying character，非玩家角色）互動，而是與親近的朋友一起玩遊戲呢？如果故事的反派角色是你的家人呢？當你看到這些生動的角色，你在現實中認識的人，你的行為會跟遇到隨機的電腦角色相同嗎？很可能不會！

Ledoux 的意見呼應了 Blackstock 對於 Bitmoji 如何藉由「看見你的朋友」來使你的文字「更人性化」的觀點。同樣地，使用擬真的化身也是人性化 AR 體驗的一種方式。

我也能預見 Uraniom 被用在可分享的搞笑 AR 短片中，類似很受歡迎的 Elf Yourself（*http://www.elfyourself.com/*），這是導演 Jason Zada 所製作的一個廣被分享的網站（2006）。上傳你自己或朋友的照片到 Elf Yourself 網站，你會看到自己在一段可分享的影片中成為了跳舞的小精靈。網站 JibJab（*http://www.jibjab.com/ecards*）提供類似的體驗，製作適合各種場合的個人化電子卡片，其中你或你的朋友成為了視訊短片的主角。現在，不僅是帶有你臉孔的 2-D 跳舞精靈或其他角色，想像你能夠分享以你或其他人的 3-D 化身為主角的 AR 體驗。像是 Uraniom 的工具就能使這變得可能。

隨著我們變為擴增人類（augmented humans），我們的化身還會忠於現實嗎？我們會擴增我們的物理外貌，變得更高、更帥或更美，或有不同的眼睛顏色，就像我們在現實中藉由高跟鞋、化妝、彩色隱形眼鏡或整型手術改變自己外表那樣嗎？我們的化身會傳達我們真實自我的故事，還是我們會選擇成為其他人，或甚至其他東西呢？我相信我們將會擁有個人 AR 化身的收藏庫，能夠傳送或分享多個版本的自己，甚至與本人同時出現在現實世界中。畢竟，能夠隨著情境變化、做出調整的 AR 化身正是這第二波 AR 的下一步。

7

虛擬化身與物體作為有生命的變革推動者

驅動這第二波擴增實境（Augmented Reality，AR）的，是情境式理解以及你和周遭的互動。你的環境成為照映出你存在的一面鏡子，會適應你的需求而調整。你的周遭會接受指令並做出回應，遞送個人化的、重要的有意義體驗。AR 不再只是疊加在現實上的一個虛擬層，現在它會變換現實。本章探討化身（avatars）、智慧代理人（intelligent agents）、物體和材料如何正在轉變為有生命的情境式變革推動者：學習、成長、預測和變形，以替我們的日常生活增添價值，並以新的方式延伸我們的人性。

終極自拍

隨著今日 AR 與人工智慧（Artificial Intelligence，AI）的進展，我們不只越來越接近物理外觀與我們相似的虛擬人形化身，它們甚至還能學習我們的行為並代表我們行動。「終極自拍（ultimate selfie）」是藝術家、科學家和虛擬實境（Virtual Reality，VR）先驅 Jacquelyn Ford Morie[1] 博士在 2014 年提出的一個概念。The Ultimate Selfie 是一個現代 AI 代理人，它能在我們使用它的過程中學習我們的行為，它甚至能成為我們人類壽命結束後留在世間的一種遺產。「未來，等

1　Jacquelyn Ford Morie，「The Ultimate Selfie: Musings on the future of our human identity」，*23rd Annual Conference On Behavior Representation in Modeling and Simulation, Brims* (2014): 93-102。

到那些化身能在我們使用它們時向我們學習，並能在我們缺席時成為我們的代理人，那為何它們不能在我們離開人世後持續存在呢？」，Morie 博士如此問道。「想像我們的後代與他們的祖先談話、尋求建議，或詢問家族歷史等等。這個，就是所謂的 Ultimate Selfie」[2]。

Morie 博士識別出了助長 The Ultimate Selfie 概念的五個重要趨勢。第一個趨勢是捕捉我們身體運作資料的精確度不斷提升。她指出了 Quantified Self（*http://bit.ly/2w9X7Sx*）活動，它已成為整合可穿戴科技和感應器以獲取日常生活資料的一種主流現象。「這個趨勢所涵蓋的東西從夾子和腕帶到編織入衣服中，成為我們日常服飾一部分的裝置都有。最終我們可能會看到它們以一種真正超人類主義（transhumanist）的方式被植入到我們身體中」，Morie 博士說道[3]。

第二個趨勢是我們越來越常捕捉我們的外在形式。「我們現在有精密的方法，不只能非常詳細地數位化我們的三維（3-D）外形，還能數位化我們外貌錯綜複雜的組成部分」，Dr. Morie 說道。「目前至少有十數家公司專注於創建虛擬化身，也不難找到能夠掃描你全身的地方」。她相信可能不用多久我們就能看到每個人在生命過程中都會進行 3-D 掃描，取代拍照作為主要類型的紀念品。對更逼真的化身之需求只會增長，而擁有準確可靠的 3-D 化身將會是至關緊要的。

你的化身實際使用你臉部表情（*https://youtu.be/MMa2oT1wMIs*）和身體動作在虛擬環境中表現你的能力可為 The Ultimate Selfie 增添真實感。像是 High Fidelity（*http://highfidelity.io/*）的公司在這個領域已經取得巨大進展，它是讓使用者創建並部署虛擬世界的一個 VR 平台（Second Life 前任 CEO 兼創辦人 Philip Rosedale 在 2013 年 4 月創立的）。Quantum Capture（*http://www.quantumcapture.com/*）和 Soul Machines（*https://www.soulmachines.com/*）是也在這個領域中耕耘的另外兩家公司，致力於讓虛擬化身更像人類。這指向了第三個趨勢，其中新的感測裝置能讓我們捕捉我們獨特的行為模式。這包括動作捕捉（motion capture）技術，像是搭配電腦遊戲的 Kinect 那種家用的消費性深度感測攝影機，到 Hollywood（好萊塢）電影製作中要使用

2　同前註，100。

3　同前註，94。

全身裝束的更精密的系統，由人類演員扮演電腦產生的角色，例如電影 *Avatar*（阿凡達）中的 Na'vi（納美人）。

第四個趨勢的焦點是如何顯示在前三個趨勢中收集到的複雜資料。Morie 博士的 The Ultimate Selfie 概念早於相關的當代 AR 顯示器，例如 HoloLens，它們可被用來與 The Ultimate Selfie 互動。雖然 HoloLens 目前尚未整合來自我們身體的資料（Morie 博士識別出的第一個趨勢），未來可能就會。Microsoft 已經申請了一個專利[4]，為 HoloLens 新增一個生物特徵資料感應系統，以監測和回應壓力等級，使用穿戴者的心跳率、出汗量、腦波活動，以及其他的身體訊號。這能在你穿戴 HoloLens 的時候，協助訓練 The Ultimate Selfie 學習你的身體和心智如何回應特定的情況。

Morie 博士識別出的第五個趨勢是「我們的遠距會議外在形象（teleconferencing persona）」。她描述我們已經習慣透過科技看到彼此，例如會議室中的視訊會議、BEAM（*https://suitabletech.com/*）遙現（telepresence）機器人、Skype 和電腦或智慧型手機上的 FaceTime，都能讓我們跨越地理距離與彼此互動。我們的遠距會議形象今日透過 Holoportation 和 HoloLens Skype 之類的系統（如前一章中所討論的）被應用在 AR 中，並且可能與 The Ultimate Selfie 融合。

Morie 博士這五個趨勢能讓我們捕捉和投射我們大部分的人類外形，並且能夠幫助我們個人化廣泛的人類需求，包括同時處於兩個位置。這個目標有實務用途，而 Morie 博士給出了太空人使用 The Ultimate Selfie 的例子。「當未來的太空人執行長期的太空任務，這預期會在未來十幾年內成真，他們將無法與地球的朋友或家人進行即時的視訊談話，跟現在部署在國際太空站（International Space Station）的太空人不同。NASA 正在研究如何使用虛擬世界來協助太空人度過離開地球且無法進行即時人類交流時的這種社交與心理孤立狀態，因為為期三年的任務可能就會造成 40 分鐘的通訊延遲」[5]。

4　McCulloch 等，Augmented reality help（*http://bit.ly/2u1Cp5U*），US Patent 9,030,495，2012 年 11 月 21 日提出申請，2015 年 5 月 12 日取得。

5　Morie，「The Ultimate Selfie」，98。

The Ultimate Selfie 也能幫助那些被關起來或無法行動的人，或處在隔離區域中的人。Morie 博士說道：

> 能夠以化身進入虛擬環境，與世界各地的親人或朋友相聚，將可促成較高品質且更容易維繫的人際關係。除了親臨現場外，最好的選擇可能就是使用你的數位 Selfie 了，因為它是充分體現你自己的替身。

她指出現在我們就能使用一個通用或自訂的化身即時存在於社交 VR 平台中。「未來，這種 3-D 數位化身將會學習如何表現得跟你一樣，並且將能夠與其他人進行更複雜的互動」，她補充道。

要達到數位化身可勝任真正代理人的階段，還要花一些時間。為了達成那個目的，化身必須能在你使用它時向你學習，你不在時，它才能接續你的行為。基本上，你將會藉由訓練來為你的數位 AI 替身設計程式。做法之一是記錄你的常見動作，讓你可以為化身編寫小程式，在你沒有登入你的替身時，視情況重播那些動作。我們的化身也可以從記錄我們生活事件的社交媒體向我們學習。舉例來說，你的 Facebook 動態時報（timeline）就包含了你所做過的事，以及對你很重要的東西。Morie 博士問道：「如果最後那個動態時報被會學習的化身 The Ultimate Selfie 取代了呢？我認為只要有目標正確的研究致力於那樣做，這就可能發生」[6]。

為了讓 The Ultimate Selfie 像 Morie 博士展望的那樣成為現實，她說我們需要更為複雜的 AI 架構作為這些數位化身的基礎，如此它們才真正能夠學習，保存使用它們的過程中留下的資訊與動作。她相信這會是最大的挑戰。「我們不想要一個通用的 AI 代理人，而是會隨著化身的使用者成長並演進的代理人」，Morie 博士說道。

AI'll Be Right Back

Eterni.me（*http://eterni.me/*）是 MIT 的一家新創公司，他們想要幫助你達成數位不朽。Eterni.me 的網站寫道：「這會產生一個虛擬的 YOU（你），一個模仿你人格的化身，它能在你過世後跟你的家人

6　同前註，101。

與朋友互動，提供資訊或建議給他們。這就像是來自過去的 Skype 對談」。

Eterni.me 與 BBC 第 4 頻道的電視影集 *Black Mirror* 之間有怪異的相似之處，特別是第 2 季的第 1 集「Be Right Back」，其中寡婦 Martha 使用最新的科技與她最近去世的丈夫 Ash 交談。然而，那實際上並不是 Ash，而是以 AI 程式為基礎的模擬，這個 AI 透過社交媒體和過去的線上通訊（例如 emails）收集有關 Ash 的資訊。Martha 一開始是與虛擬的 Ash 打字聊天，不過將他的視訊檔案上傳，讓 AI 學習他的聲音後，她就能透過電話跟他交談。Eterni.me 希望以類似的方式讓你不朽，收集「你生命過程中創造的所有東西，並使用複雜的 AI 演算法處理這龐大的資訊」。

在 Fast Company 以 Eterni.me 為主題的一篇報導文章中，Adele Peters 寫道[7]：「雖然這項服務承諾將你在線上所做的一切都保存起來，永遠不被遺忘，但我們無法確定大多數的人是否都希望那些資訊永遠留存」。談到我們這一代是如何「在 Instagram 上記錄每道餐點，在 Twitter 上記錄每個思維」，Peters 問道：「我們離開人世後，希望那些資訊被如何處理呢？」。

或許未來會有像是永生化身管理人（eternal avatar curator）這樣的工作。2004 年由 Omar Naim 執導並由 Robin Williams（羅賓·威廉斯）主演的電影 *Final Cut*（迴光報告）中，Williams 扮演一名「剪輯者（cutter）」，他負責對人們記錄下來的歷史進行最後編輯。內嵌在你身體中的一個晶片會記錄你生命過程中所有的經驗，而 Williams 的工作就是仔細閱讀儲存下來的那些記憶，並製作出一分鐘的精華短片。

Eterni.me 的 AI 演算法是否會變得足夠聰明，有辦法區分你平淡無奇和有重大意義的經驗，以進行這最後的剪輯，準確地呈現你的個人傳奇呢？在 *Black Mirror* 中，Martha 最後告訴模擬的 Ash 說：「你只是你留下來的漣漪。你沒有歷史。你只是在表演他不經思考的動作，而那並不足夠」。

7　Adele Peters，「A Creepy New Startup Wants To Create Living Avatars For Dead People」（*http://bit.ly/2vudyfy*），*Fast Company*，2014 年 2 月 18 日。

Eterni.me 的創辦人 Marius Ursache 相信收集資訊並不足夠。你還得與你的化身互動，幫助它了解那些資訊，進行細部調整。「人們會在還活著的時候訓練他們的化身」，Ursache 說道。「這是因為我們沒有能夠從零散的幾封 emails 或幾篇 Facebook 貼文重建出一個人性格或意識的演算法和 AI 要讓虛擬化身變得可靠且真實，將會需要多年的資料收集和訓練」。

Ursache 將 Eterni.me 提供的化身描述為你的個人傳記作者：

> 它會想要盡可能學習更多有關你的事情，從你的社交媒體、電子郵件或智慧型手機找出線索。它會試著在你做的所有事情中找出意義和脈絡，而它會試著每天與你簡短聊一下，以取得更多有關你的資訊。如果你想要上傳你的想法、你的個性或（也許在未來）你的意識，現在並沒有傳輸線可用。在你之後的生活中，你必須每天都累積一點。每天十分鐘累積起來就是數千小時的故事，逐件列出有關你的事實。

Ursache 指出 Eterni.me 最初就像是 Tamagotchi（*https://en.wikipedia.org/wiki/Tamagotchi*，電子寵物蛋）。他解釋道[8]：「一開始它只會有一點點的智慧波動，但隨著你對它說的話越來越多，允許它存取更多的資訊，它就會變得更加聰明。把它想成是一名小孩，他或她必須學習很多才會轉變為美麗的人類」。具有演化軌跡的 AI，能夠向你學習，逐漸成長，隨著你的使用變得越來越聰明，這令人想到 Spike Jonze 的電影 *Her*（2013，**雲端情人**），其中我們認識了 Samantha，世界上第一個有智慧的作業系統。*Her* 讓我們一窺我們很快就會擴增的生活，我們的裝置都開始會向我們學習，與我們一起成長。

除了虛擬化身，像 Samantha 這樣的智慧代理人也會開始替我們處理事情。這些智慧代理人將會非常了解我們，學習我們的行為、我們的喜好、我們討厭的東西、我們的家人和朋友，甚至知道我們重要的統計資訊。未來學家 Brian David Johnson 描述這數十年來我們與科技的關係都是以一種 input–output（輸入輸出）模型為基礎，送出命令

8　Marius Ursache，「The Journey to Digital Immortality」（*http://bit.ly/2unIKrx*），2015年 10 月 23 日。

加以控制：如果這些命令沒有正確傳達，或者我們有口音，它們就行不通了。Johnson 相信今日我們與科技正進入更有智慧的關係。電腦了解你，知道日常生活中你在做什麼，並且能夠遞送個人化的體驗，增進你的生產力。

談到 Her 電影中 Samantha 如何幫 Theodore 療傷，讓他回到更為人性化的關係，Johnson 說這能「幫助我們更像人類」。Johnson 述說科技只是工具：我們設計我們的工具，並向它們灌輸我們的人性和價值。我們有能力設計機器來照顧我們愛的人，允許我們擴展我們的人性。他稱這為設計「我們的善良天使」。Johnson 指出我們得問的問題是：「我們要最佳化什麼？」，而他說答案是讓人們過更好的生活，我完全認同。

Intel 互動與體驗研究的主任 Genevieve Bell 博士描述了一種計算世界，其中我們與科技進入一種更為互惠的關係，科技開始觀察我們、預期我們的需求，並且代表我們處理事情。Bell 博士的預測與 Gartner 的研究副總裁 Carolina Milanesi 呼應：「如果塞車情況很嚴重，它會早點叫你起床，跟老闆的會議才不會遲到，或單純發信道歉會晚點到，如果是與同事的會議。智慧型手機會從行事曆、感應器、使用者的位置和個人資料收集情境資訊」，Milanesi 說道 [9]。

Gartner 的研究指出，一開始這種服務會「自動」執行，輔助通常很耗費時間的枯燥工作，例如有時間限制的任務，像是安排行程、回應普通的電子郵件訊息等。在把日常瑣事交給智慧型手機處理的過程中，這些服務將會逐步建立使用者對它們的信任，使消費者開始願意讓智慧型手機 apps 和服務控制他們生活的其他面向。Milanesi 說道 [10]：「手機將會成為我們私密的數位代理人，但只在我們願意提供它們所需資訊的前提之下」。Bell 博士相信，我們將會超越與科技的「互動」，變成與我們的裝置建立信任「關係」。Bell 說，十年之後，我們的裝置將會以不同的方式了解我們，直覺地知道我們是誰。

9 　「Gartner Says by 2017 Your Smartphone Will Be Smarter Than You」（*http://www. gartner.com/newsroom/id/2621915*），2013 年 11 月 12 日。

10 　同上。

Gartner 稱此為認知計算（cognizant computing）時代，並識別出了四個階段：*Sync Me*（與我同步）、*See Me*（看得到我）、*Know Me*（懂我）、*Be Me*（即我）。Sync Me 與 See Me 現在正在發生，而 Know Me 與 Be Me 就在不遠前方，就像 *Her* 電影中的 Samantha。Sync Me 儲存你的數位資產，跨越所有的情境和端點保持同步。See Me 知道你目前在哪裡，也知道你去過哪裡，不只是真實世界，網際網路上的蹤跡也知悉，並且了解你的心情和情境，以提供最佳服務。Know Me 知道你需要什麼、想要什麼，而且會預先主動準備，呈現給你。Be Me 則是最後一個階段，其中智慧裝置會進行學習，以代理你的工作。因為能夠存取 Theodore 的所有電子郵件、檔案和其他的個人資訊，Samantha 的任務從最初的管理行事曆，演變成了收集他代筆的一些情書轉寄給出版商，代表他行事。Be Me 也是智慧代理人能夠轉變為你永恆的化身或你身後的 The Ultimate Selfie，在你生命過程中學習有關你的事情，並延續你最後留下的軌跡。

Invoked Computing

從智慧人格與化身，我們走向了智慧空間與物體。*Invoked Computing*（召喚計算）是 2011 年由東京大學（University of Tokyo）石川奧實驗室（Ishikawa Oku Laboratory）的研究人員所提出的一個概念，用來描述一個 AR 系統，它使用空間的音訊與視訊來將日常物品變為通訊裝置。擺出姿勢模仿你想要使用的裝置被使用的情況，一般的物體就會被活化以滿足你的需求。概念影片（*https://youtu.be/ZA6m2fxpxZk*）使用香蕉來作為電話，還有比薩盒被當作筆記型電腦。

為了將香蕉變為電話，你得拿著香蕉並將之放到耳邊。AR 系統就會識別你的姿勢與物體，配合隱藏的指向性麥克風和揚聲器讓你能將香蕉當成真的聽筒使用。而要召喚筆記型電腦，你會打開比薩盒，然後開始在紙板上打字。投射的視訊與音訊就會將盒子轉變為筆電。研究團隊計畫在未來擴充可辨識的姿勢和物體，最終的目標是建立無所不在的 AR 系統，隨時了解你想要什麼、需要什麼。

但你可能會問：為何我會想要把香蕉當成電話用，或把比薩盒當作筆電呢？Invoked Computing 所呈現的情景是通訊科技變得無處不在，並且不再仰賴特定的物體。想想你上次無意間把手機留在家裡時有什麼感受？取決於日常生活中你有多仰賴你的智慧型手機，你可能會覺得與外界失去聯繫、無法完成任務，甚至感到一絲不掛。Invoked Computing 帶來了一種可能的便利性，其中你不再需要隨身攜帶通訊裝置，它們的功能會在你要用的時候轉移到環境中可取得的任何物體上。

藉由 Invoked Computing，現在新的功能被疊加到原本沒有那些特性的普通物體上。香蕉在某個時刻被想像和活化為可運作的電話，並在之後回到其無生命的狀態。這是一個新時代的開端，其中物體會做出回應，而環境是應需要行動的、取決於情境的，並且是以需求驅動的。Invoked Computing 能與 AI 結合來創造依據你情境需求做出預測的環境。

Invoked Computing 所呈現的世界仍然根植於物理實體，然而現在這些物體是動態的，狀態不停改變。強調的重點放在動作和物體的輸出，而非物體本身的物理特質，後者通常是為特定的用途所設計，而且經常是單一用途。Invoked Computing 有可能重新架構並改變工業設計，現在任何物體都能執行任何必要的任務。想像你不再需要各種電子產品、家用器具或工具，而只需要使用能夠變化為你所需東西的少數幾個物件。未來學家 Bruce Sterling 評論 Invoked Computing 將使永續性（sustainability）和低物質足跡（material footprint）變得可能，因為你能夠召喚並取用你需要的任何東西。

4-D 列印

Invoked Computing 使用音訊與視訊的投射系統，而電腦科學 Skylar Tibbits 所提出的 *4-D Printing*（四維列印）概念則是將擴增元素建置到物質中，使得物體能夠成長和適應。就像香蕉電話的例子，4-D Printing 不是我們傳統認為的 AR，而是擴展之後的概念，其中依據情境做出反應和演化的物體能創造一種新型態的互動，並與環境整合，讓我們沉浸其中。

Tibbits 是 MIT Self-Assembly Lab（自我組裝實驗室）的主任，他的團隊在那裡研發 4-D Printing，希望讓「智慧物體」能在環境有變化時自我組裝或變形。Tibbits 說明 [11]：「4-D 列印這種新興科技，能讓 3-D 列印出來的材料隨時間改變形態，這代表我們可能建造出能夠適應我們用途或它們周遭環境的東西」。Tibbits 將這第四個維度描述為對時間做出反應，而列印出來的東西不是靜態的，能夠演化，而且擁有內建的適應力。「這是我們製造東西的全新典範。也是我們製作出東西後，它們如何更有彈性、能夠自行適應的典範」，他說道。

4-D 列印帶來的影響甚至可能攸關性命，例如在緊急區域中使用這項技術協助災難救濟。4-D 列印能用來建造會依據它們與水的接觸面收縮或擴張的水管，以容納颶風造成的逕流，它們可能會先變大，然後在緊急情況結束後縮回原本的大小。4-D 列印也可用於災難臨時住宅或避難帳棚的搭建，這些結構能夠就地自我組裝，即使當地工人不懂得怎麼組裝也沒關係。

為了使這些概念成真，Tibbits 的實驗室正與 3-D 列印製造商 Stratasys 合作。Stratasys 開發出了一種列印材料，將之置於水中，就會擴展 150%。Tibbits 與他的團隊正應用幾何學來讓物體可以精確地展開並形成特定角度，而非只是大小膨脹。這與 3-D 列印機使用藍圖的傳統運作方式不同，要製作 4-D 的東西，印表機會被餵入帶有尺寸大小的幾何程式碼，指定印出的物質在接觸外力，例如水、動作或溫度變化的時候，應該如何變形。這個幾何程式碼定義物質可以捲曲或彎曲的方向、角度和次數。

Tibbits 在 2013 年的一場 TED 演說上展示（*http://bit.ly/2vlRWRK*）了 4-D 列印的概念，讓印出的單條材料自行折疊為「MIT」這個詞。他指出科學家已經能夠程式化奈米層級的物理或生物材料，以改變它們的形狀和特性。Tibbits 也承認要讓這發生在人類大小的規模非常具有挑戰性，但那並不會使他的實驗室停止探索可能性。他想像建築工程也是能夠應用自我組裝材料的潛在領域。Tibbits 說他的實驗室正與業界夥伴密切合作，希望將此概念整合進他們的事業。

11　「4D printing: buildings that can change over time」，（*http://www.bbc.com/future/story/20130709-buildings-that-can-make-themselve*），*BBC*，2013 年 7 月 11 日。

Tibbits 也看到 4-D 列印在運動服裝的消費性未來。他給出了能依據使用情境改變功能與形狀的運動鞋為例：

> 當我開始跑步，這雙運動鞋會變成慢跑鞋。如果我在打籃球，他們就變得更能支撐我的腳踝。當我走上草皮，它們應該要長出防滑釘或在下雨時變成防水的。當然這並不是鞋子知道你正在打籃球，而是它們能感測你的腳正釋放何種能量或施加什麼類型的力。它們會依據壓力變形，也可能是濕度，或者溫度變化。

這個概念也能大規模套用在建築工程上，其中建築物能夠調整型態、結構和用途，跟變化的環境對話，包括身在建築物內與其互動的人們。舉例來說，建築物能依據天氣、時間、人數或社交場合來調適。這樣的 4-D 列印系統可能改變建築師和工程師設計和建造房屋的方式。

Tibbits 問道 [12]：「如果這個世界的人類、機器和物質都能共同合作呢？三方都能提供新的東西，它們之間將會有更為豐富的交流」。隨著 AR 演進，這項科技將促成使用者不斷變動的需求和其環境之間的即時雙向對談。AR 將不會再是宣傳花招般的覆蓋層，而是使用者與其環境持續不斷的對話中所產生的一種動態的、有意義的、視需求回應（responsive on-demand）的體驗。Tibbits 的概念可被整合到 AR 體驗中，讓物體具備內建的適應能力，使它們能夠成長和調整自己的行為，就像有生命的物體對情境的變化做出反應一樣。

Reality Editor

MIT Media Lab（麻省理工學院媒體實驗室）Fluid Interfaces Group 的研究人員 Valentin Heun 認同 AR 作為使用者和環境間雙向對話媒介的這個看法。2016 年他在加州矽谷（Silicon Valley, California）擴增世界博覽會（Augmented World Expo）的演講中，Heun 說道：

---

12 同前註。

有趣的地方在於，當你單純把 AR 視為單向的，你有的只是消耗資料、影片等所用的一種媒介。不過當你創造了雙向的連結，你突然就有了非常強大的工具，一種基本上就像是數位瑞士刀的工具，讓你能夠改變世界的功能性。

Heun 開發了一個叫做 Reality Editor（*http://www.realityeditor.org/*，現實編輯器）的 iOS app，意圖想要使用 AR 重新程式化物理世界。這個 app 能讓你連接到周遭的智慧物體，只需在智慧型手機或平板的螢幕上以手指畫出它們之間的連線即可。「這真的只是開端，是探尋我們如何讓周遭事物連上線並動起來，以及我們如何與之互動的最初一小步。因為現在，我們還辦不到」，Heun 說道 [13]。他稱 Reality Editor 這個數位工具是能讓你連接物體並操作它們行為的螺絲起子。

這個 app 尚無法與一般的消費產品搭配使用，它在一個開源平台 Open Hybrid 上運行，此平台能讓你使用 AR 將虛擬介面直接映射到物體上。目前方法是製作一個貼紙（類似 QR 碼），貼到你想要連接的物體上，但 Heun 表示未來不需要那樣做，app 將內建影像識別的功能。Heun 使用 Open Hybrid 網路建造了一個試作展示品，可用來連接檯燈、座椅和他的車子，以自動化下班離開公司的流程。他說：「想像你坐的椅子能對環境做出反應，當你離開時，環境就會自動進行該做的事」。從辦公室的座椅站起，走出門外，檯燈就會自動關閉，而他的車子會發動，車內空調也會打開，調整到合適的溫度。

藉由 Open Hybrid，你也能將一個物體的功能性加到另一個物體上，只需在 app 中畫出它們的連線就行了。舉例來說，如果你希望食物調理機有計時功能，就將手機或平板的鏡頭對向那個家電，並使用 Reality Editor app 將另一個具有計時器的物體，例如烤麵包機，連線到食物調理機。這兩個物體會透過 Open Hybrid 伺服器自動連接。就像 Computing 和 4-D Printing，Reality Editor 也會改變我們對預設用途（affordances）的概念，讓物體具有可能超越其物理型態的動作。

---

13 Will Shandling，「Indistinguishable Reality: A Conversation with Reality Editor's Valentin Heun」，（*http://bit.ly/2wpidvB*），*Designation Blog*，2016 年 2 月 19 日。

Heun 談到實體物件和虛擬物件之間的差異：實體物件通常會有一種靜態行為，而虛擬物件則是非靜態的，隨時都在改變，並且能有不同特性。「所以，有趣的是，你擁有一個不完全靜態的實體物件之時，一個能在『出廠』後變化其運作方式、用途的物體」，Heun 觀察道。「那就是目前的挑戰：從設計的觀點展望這項科技將帶領我們前往何方，以及我們能拿它來做什麼」。

AR 有能力改變我們體驗世界的方式，甚至是設計本身。隨著我們開始探索超越傳統物理型態的這些新的虛擬功能特性，我認為我們得提出兩個重要的問題：既然我們現在能夠設計任何東西，我們要創造什麼呢？我們要如何運用這些新發現的能力來充實、推進和提升人類全體呢？

8

身體即介面

二十一世紀的科技革命將轉向日常生活，那些細微無形之處。因為深深嵌入我們每天生活的組成結構中，科技的衝擊將增為十倍。隨著科技內化而變得隱形，它將能夠移除那些讓人心煩的事物，讓我們獲得平靜，同時讓我們與真正重要的東西保持連結。

—MARK D. WEISER，1999

已逝的 Mark D. Weiser 曾是美國（United States）Xerox PARC（Palo Alto Research Center，現在簡稱為 PARC）的首席科學家，這是矽谷（Silicon Valley）最受尊崇的機構之一，也是幾個重要的計算和科技發明的起源處，例如乙太網路（Ethernet）、圖形使用者介面（Graphical User Interface，GUI），以及個人電腦。在 Weiser 展望的未來中，電腦被嵌入日常物品，科技消失於背景之中，旨在助人平靜過活，而非令人分心。

1996 年，他與 John Seely Brown（Xerox PARC 的首席技術專家）合寫了關鍵論文「The Coming Age of Calm Technology」。Calm Technology（平靜科技）的核心在於無形和使用起來很自然，它不會中斷或阻礙你原本的生活。它在背景中運作，只在你需要時出現。這也是我個人看待第二波 AR 演化的方式：並非迷失在我們的裝置中，而是科技退位至背景，讓我們能夠專心參與人類互動，同時更深入沉浸在我們周遭的真實世界中。

在 2014 年的專訪[1]中，Brown 談到 Calm Technology 的力量和可能性，它是預期性且適應性的，在需要現身之前都保持安靜透明，要它行動無須指示，它會自動依據情境判斷。Calm Technology 的這個面向與前面的第 7 章有關，其中我們探索了能自我調適的代理人、虛擬化身以及物體，它們會預測你的行為，察覺情境並代表你行動。本章以 Calm Technology 延續這些概念的討論，探究建立（幾乎）無形的介面擴增我們身體的技術。從穿戴在身上的電子織物，到內嵌於身體中的裝置，到大腦控制的介面，科技不僅退到背景中，變得安靜無形，還與個人緊密相關。

電子皮膚和作為觸控螢幕的身體

在他的 Ubiquitous Computing（普及計算）網頁[2]上，Weiser 在 1996 年寫道:「粗略來說，普及計算是虛擬實境（virtual reality）的相反。虛擬實境把人放到電腦產生的世界中，而普及計算則迫使電腦與人們一起存活在這個世界中」。就像普及計算，擴增實境（Augmented Reality，AR）與虛擬實境（VR）之間也有相同的差異。AR 是在真實世界中的計算，其中消失無形的是科技，而非現實或存在其中的人。從平靜科技和普及計算找尋靈感，我們可以看到 AR 龐大的可能性，有潛力改變我們存在和與周遭及彼此互動的方式，減少我們受到的干擾，產生更深層的連結。

對 Weiser 來說，普及計算的「最高理想」是「讓電腦與我們完美融合，自然到我們使用時甚至沒意識到它們」。身體大概是我們最「自然」的介面了。可用性專家 Jakob Nielsen 寫道[3]:「當你觸摸自己的身體，你完全能感受到你摸的是什麼，得到的回饋比任何外部裝置都還要好。而且你永遠都不會忘了帶身體」。

1　Calm Tech, Then and Now（*http://www.johnseelybrown.com/calmtech.pdf*）。

2　Ubiquitous Computing（*http://www.ubiq.com/hypertext/weiser/UbiHome.html*）。

3　Jakob Nielsen，「The Human Body as Touchscreen Replacement」（*http://bit.ly/2hrrK2r*），*Nielsen Norman，Group*，2013 年 7 月 22 日。

2013 年參加巴黎（Paris）的 Conference on Human Factors in Computing Systems（CHI ‘13，人機互動領域最頂尖的研究會議）之時，Nielsen 對兩個計畫感到特別印象深刻，它們使用身體作為使用者介面的一部　分：Imaginary Interfaces（*https://hpi.de/baudisch/projects/imaginary-interfaces.html*）　和　EarPut（*https://www.tk.informatik.tu-darmstadt.de/en/research/tangible-interaction/earput/*）不使用螢幕，而使用身體，朝向身歷其境的直接體驗邁進。

Imaginary Phone（*https://youtu.be/xtbRen9RYx4*，Imaginary Interfaces 計畫的一部分），由來自德國（Germany）Hasso-Plattner Institute 的 Sean Gustafson、Bernhard Rabe 與 Patrick Baudisch 所設計，是一種以手掌為基礎的無螢幕使用者介面。這個使用者介面是「想像的（imaginary）」，因為除了雙手外什麼都沒有，不會投射也沒有疊加的虛擬數位層。設計 Imaginary Phone 的研究人員之一 Patrick Baudisch 提到過去我們使用手寫筆來操作數位個人助理（personal digital assistants，PDA）的時代，以及後來 iPhone 和觸控螢幕如何消除了手寫筆的需求。Baudisch 說他希望看到更進一步的發展，連螢幕都消除。

這項科技用到使用者上方的小型深度感知攝影機（這也能穿在身上），來找出使用者手指的位置，以及觸摸手掌的哪個部分。這個介面能用來與你的手機互動，即使它不在你面前也沒關係，例如在口袋中。Baudisch 指出 [4] Imaginary Phone 如何適用於我們每天進行的大量「微互動（microinteractions）」，像是關掉鬧鐘、將來電轉入語音信箱，或設定計時器，你只需要與你的手掌直接互動，無須觸碰你的手機。你定義的個人化功能能夠連接至你的手機，在你觸碰手掌不同位置時啟動。

研 究 人 員 進 行 了 實 驗（*http://www.seangustafson.com/Publication/gustafson13*），發現在一般用途上，實驗對象從想像的手掌介面選取功能的速度跟使用普通觸控螢幕一樣快。然而，值得注意的是，**蒙住眼睛**的使用者在手掌介面上觸碰自己的手的操控速度是普通觸控螢幕的**兩倍快**。在暫無視覺的使用者身上收集到的資訊對盲人用的

4　Imaginary Phone（*https://hpi.de/baudisch/projects/imaginary-phone.html*）。

無障礙輔助技術來說很重要，而在使用者暫時無法看手機或甚至不想放下眼前工作（不希望科技中斷人類互動）的時候也有幫助。

德國 Technical University of Darmstadt 的研究人員 Roman Lissermann、Jochen Huber、Aristotelis Hadjakos 與 Max Mühlhäuser 建造了一個叫做 EarPut 的試作原型，使用耳朵取代觸控螢幕作為互動介面。「行動互動中一個無所不在的挑戰是降低介面的視覺需求，朝向免用眼睛的行動互動發展」，研究人員說道。EarPut 支援單手的無眼行動互動。它能讓原本非互動式的裝置，例如普通玻璃或耳機，變成互動介面，並與頭戴裝置既有的互動能力互補。在它發明那時，EarPut 被當作 Google Glass 觸控框的觸控擴充元件。

研究人員識別出了 EarPut 可能的互動方式，包括觸碰耳朵表面的某個部分、拉耳垂（適合開關指令）、在耳上向上或向下滑動你的手指（適合音量控制），以及蓋上耳朵（靜音的自然姿勢）。研究人員為 EarPut 想像的應用[5]包括行動裝置的遠端遙控（特別是播放音樂時）、控制家電（例如電視或燈源），以及行動遊戲。

除了我們的耳朵和手掌，MIT 的研究人員也探索了用在臉上和身體的導電妝（conductive makeup）：Katia Vega 的 Beauty Technology（*http://katiavega.com/*），以及使用拇指指甲作為軌跡板的 NailO（*http://nailo.media.mit.edu/*），由 Cindy（Hsin-Liu）Kao 設計。Kao 也與 Asta Roseway、Christian Holz、Paul Johns、Andres Calvo 和 Chris Schmandt 這些研究人員合作跟 Microsoft Research 共同開發了 DuoSkin（*http://duoskin.media.mit.edu/*），一種暫時性的刺青介面。然而，所有的這些計畫，包括 EarPut 和 Imaginary Interfaces，都仍然處於研究和原型製作的階段，尚未推出商業產品。我們很有可能會先看到平靜科技被整合到衣服中，後面跟著以身體和皮膚作為觸控螢幕的產品。

---

5   Roman Lissermann、Jochen Huber、Aristotelis Hadjakos、Suranga Nanayakkara、Max Mühlhäuser，「EarPut: Augmenting Ear-worn Devices for Ear-based Interaction」（*https://youtu.be/DjoR929f0DQ*）。

反應式服裝

反應式服裝（responsive clothing）是內嵌了感應器，能對你的情境、環境、身體和行動做出反應的衣服。整合了來自平靜科技的概念，反應式服裝正在創造新的使用者互動，加入 AR 裝置的生態系統中。反應式服裝能幫助指引你地理位置、以一連串的運動訓練你的身體，甚至能夠表達情緒，使用你的生物特徵資訊傳達你的興奮之情（或缺乏感動）。像是 Navigate Jacket（*http://wearableexperiments.com/navigate/*）之類的反應式服裝和 No Place Like Home 鞋（*http://dominicwilcox.com/portfolio/gpsshoe/*）都是藉由不會中斷或妨礙生活的科技移向以人類為中心的體驗之實例。

Dominic Wilcox 的 GPS 鞋子原型 No Place Like Home，能夠引導你走向所選的目的地。靈感源自於電影 *The Wizard of Oz*（1939）片中 Dorothy 只要壓一下鞋跟就能帶她回家的鞋，No Place Like Home 整合了自製的地圖軟體，鞋跟嵌有 GPS，只要踩一下就能啟動。

要讓這種鞋子成為你旅程的嚮導，第一步是使用電腦以 Wilcox 開發的特殊軟體在地圖上輸入你所選的目的地。在電腦上標出目的地後，選擇「upload to shoes（上傳至鞋子）」，接著位置資訊就會藉由直接插入鞋子後方的 USB 傳輸線上傳。拔除傳輸線，穿上鞋子，踩一下鞋跟來啟動 GPS，然後開始走動。鞋尖有一環 LED 燈會指示你目的地的方向，右腳鞋上則有進度條顯示你多接近最終目的地。

澳 洲（Australia） 公 司 Wearable Experiments 所 開 發 的 Navigate Jacket 也使用內建的 GPS 系統和 LED 燈，並以振動整合了觸覺回饋，提示穿者要往哪個方向前進。共同創辦人 Billie Whitehouse 說道：「我們正將旅行的技藝轉變為無須雙手的應用」。這件夾克（jacket）能幫助穿者走向他們的目的地，而無須拿著他們的智慧裝置看地圖。取而代之，方向視覺化顯示在袖子上。LED 燈則指示前方的下一個轉彎還有多遠，以及他們旅程的整體進度。振動告知穿者該轉向何方，他們會在肩膀上感受到輕拍。

Nadi X（*http://wearablex.com/nadix/*）運動緊身褲是 Wearable Experiments 最新的計畫，設計來幫助你矯正瑜珈姿勢。微小的電子線路被編織到尼龍材料中（不會有什麼電子裝置或線路從緊身衣突起），包覆穿者的臀部、膝蓋和腳踝。使用搭配的智慧型手機 app，其中的電路會與彼此通訊，合力判斷穿者的身形是否與其他人協調，幫助監測和矯正姿勢。「這是身體的無線網路」，共同創辦人 Ben Moir 說道[6]。「緊身褲的各個部分都有動作感應器，知道你正擺出什麼角度的姿勢」。

就像 Navigate Jacket，Nadi X 也運用輕微的觸覺振動來引導穿者。在 app 中挑選你想要監測的瑜珈姿勢，並允許連線。當你開始做瑜珈，擺出特定姿勢，感應器就會掃描身體並回報。舉例來說，若為 Warrior（戰士）姿勢，如果你的臀部向內轉太多，就會有振動向外傳過你的臀部，就像瑜珈老師的手一樣指導你。如果姿勢都正確，Nadi X 緊身褲就會發出溫和的「om」聲低鳴。「觸覺訊號的好處就在於，你會下意識地處理它們」，Moir 說道。「因此，如果你正專注地做出一連串的瑜珈動作，你就無須中斷去看螢幕，分心到畫面或語音指示上」。

Moire 與 Whitehouse 看見了瑜珈之外的機會：為各種類型的運動，例如自行車、拳擊或舉重，製作矯正姿勢的衣服。他們也想像未來你的褲子會告訴你該離開辦公桌，四處走動一下，或你的襯衫會提醒你要坐正。Whitehouse 說道：「瑜珈僅是起點，這在許多領域都會有用處」。

美國服飾公司 Levi Strauss & Co. 與 Google 的 Advanced Technology and Products（ATAP）團隊合作，使用 Project Jacquard（*https://atap. google.com/jacquard/*）技術（用於觸覺互動的一種導電紡紗）為消費者帶來互動式的服裝。藉由謹慎織入其中的 Google Jacquard 技術，Levi's Commuter Trucker Jacket（*https://youtu.be/yJ-lcdMfziw*，2017 年春季先在美國各大都市推出，下半年於歐洲和亞洲廣為發行）是專為都市的自行車通勤者所設計，讓他們在騎車過程中保持連線，無須拿手機。藉著輕觸、滑動或握住夾克左袖口，使用者能無線存取他

6　Jessica Hullinger，「These Vibrating Yoga Pants Will Correct Your Downward Dog」（*http://bit.ly/2v2H7lj*），*Fast Company*，2016 年 1 月 15 日。

們的智慧型手機和最愛的 apps，以調整音量、換歌、讓來電靜音，或得到語音提示，告知抵達目的地的預估時間[7]。「騎自行車的人都知道，在繁忙的城市街道間邊看螢幕邊找路並不容易，也不是個好主意」，Levi Strauss & Co. 的全球產品創新主管 Paul Dillinger 說道。「這件夾克試著幫忙解決這個真實世界的挑戰，成為你生活的副駕駛，不管是在車上或下了車」。

每名使用者都能以 Jacquard 平台隨附的 app 自訂這個織物介面，連結手勢來啟動偏好的功能，並事先從一組選項挑選主要用途和次要用途。Google ATAP 團隊的技術計畫主任 Ivan Poupyrev 說道[8]：「我們不希望定義什麼是最重要的功能性，所以我們為使用者提供可從中挑選的種類。目前的可穿戴裝置都只能做單一件事。我們的服裝則能夠做你想要它做的事」。

這種夾克的另一個創新面向是，它們是在 Levi's 現有的工廠中製造的，其中互動式的紡織原料是在 Levi's 的紡織機上進行編織的，就像一般的 Levi's 夾克。能夠將此科技整合到既有供應鏈中使得大規模的生產變得可能，而非只是少數幾件一次性的產品。Poupyrev 說道：

> 科技公司經常沒有了解到的一點是，這些衣服是由服飾製造商所製作，而非消費性電子廠商。所以，如果我們真的想要製作成為世界上每件衣服中一部分的科技，我們就必須與 Levi's 或其他品牌的服飾製造商合作，才能夠生產智慧服裝。這代表你得和他們的供應鏈配合。

Google 持續尋覓新的合作對象，並且正在探索體育用品、企業服裝和精品市場。Poupyrev 看到他認為消費者很快就會想要且預期的遍及整個產業的市場機會。「如果你回顧服飾產業的歷史，你可以看到科技如何為服裝增添新的功能性，例如尼龍或拉鍊」，他說道。「在這個時間點新科技成為建造服飾和時尚產業未來的另一個要素，是非

---

[7] 這些細微的互動讓人想到 Imaginary Phone，不過用的不是你的手掌和皮膚，這裡使用導電的紡織原料。

[8] Rachel Arthur，「Project Jacquard: Google And Levi's Launch The First 'Smart' Jean Jacket For Urban Cyclists」（*http://bit.ly/2waDh9U*），*Forbes*，2016 年 5 月 20 日。

常自然的事情。一旦大眾出現對智慧織物的需求，這就會變成幾乎像是權利的東西。人們隨時隨地都會想要它們」。

當可穿戴裝置成為我們日常生活的一部分，我們會有何種新的禮節或儀式呢？設計師 Daan Roosegaarde 探討的，正是這個問題。Roosegaarde 將可穿戴電腦視為身體機制（例如流汗或臉紅）的一種延伸。他的概念服裝 Intimacy（*https://www.studioroosegaarde.net/project/intimacy-2-0/*）是由不透明的電子薄片所構成，它們會依據與人的親密和個人接觸而變得越來越透明。社交互動決定了透明的程度，反應出穿者的心跳。舉例來說，當你感到興奮或受到刺激而心跳變快，這種衣服就會變得更加透明。

Roosegarde 述說他希望可穿戴裝置如何在特定人士出現時，以不同的方式做出反應，而其他人在旁時，則展現中性行為。他將此描述為：「當你跟男朋友說話時，對話的感覺一定與我說話時不同。雖然用的都是英語，而我跟他都是男的，但你說的會是不同的故事」。

他也疑問當你的衣服開始為你提出建議時，會是怎樣？他以線上零售商 Amazon 為例，當你買了一本書，他們會依據你的喜好和朋友推薦你可能也會想要購買的其他書籍。Roosegarde 的想法呼應第 7 章提到的 AR 認知計算（cognizant computing），其中你的個人助理不僅限於智慧型手機，而是無所不在的，並內嵌於你的衣服中。

將科技內嵌於身體

或許在不遠的將來，就像這裡會介紹的可內嵌裝置（embeddables，內嵌在你身體中的小型計算裝置）實例，科技變成我們生理一部分，並且整合到我們生物身體中之後，就會變得「自然」，科技變成了我們，不再有分界，我們將成為擴增人類（augmented humans）。

反應式服裝的更進一步，就是讓可穿戴裝置內嵌到我們身體中，將科技植入我們皮膚底下。耳朵就是將裝置植入體內進行擴增的進程中自然的一部分，一開始很有可能會是相當非侵入式的步驟，因為我們已經慣於將東西放入耳中，像是耳塞式耳機、藍牙無線耳機，以及助聽器。

如第 4 章中所描述的，iRiver ON 藍牙耳機，使用 Valencell 的 PerformTek（*http://valencell.com/technology/*）生物特徵感應器技術，具有一個手掌大小的感應器，能夠追蹤你的心跳率、燃燒卡路里數，以及速度和移動距離，全都是透過對耳朵照射光線來達成。與智慧型手機上的一個 app 搭配，此裝置能在你運動過程中捕捉你的生物特徵資訊，對你的耳朵說話，告知你現在的心跳率以及卡路里目標是否達成。這些即時資料會送到那個智慧型手機 app，讓你能在運動後檢視捕捉到的生物特徵資訊。

這種用於耳朵的小型裝置的好處之一是，它們幾乎是隱形的，對於不希望他們的裝置引人注目的人來說，這相當有吸引力。設計顧問公司 Lunar 總裁 John Edson 指出：「目前的趨勢是隱藏科技。耳朵是藏匿電子裝置的好地方。」可穿戴攝影機公司 Looxcie 創辦人 Romulus Pereira 說道：「眼鏡和手錶已經成為探索可穿戴性（wearability）的典型代表。在這代表物後面的，是一整個族群的東西」。而那些後面的「東西」會在感應器和電腦變得更小更快、更接近身體，甚至能內嵌到我們皮膚底下之後湧出。

「grinders」這個詞（原意為「研磨機」）被用來指涉「biohackers（生物駭客）」的社群，這些人研究透過外科手術植入物提升感官知覺的擴增方式。Richard Lee，一位知名的 grinder，解釋這個詞如何源自於電玩遊戲。「在遊戲中，grinding 是有條不紊循序漸進提升角色能力的行為。一段時間後，你就能取得技能或力量」，他說道 [9]。「會用這個稱呼，是因為它類似我們採用的做法：持續地、條理清楚地製作植入物，把事情搞清楚」。

Lee 正在實驗手術植入的耳機，在他耳中使用磁性揚聲器。除了聽音樂外，Lee 說道 [10]：「我用它配合智慧型手機上的 GPS 在城市街道間徒步穿梭」。除了 Lee 身上微小的疤痕以及藏在他襯衫底下的線圈項鍊，肉眼幾乎看不到他的植入物。Lee 製作了那個戴在脖子上的線圈，說它能創造導致植入物振動以發出聲音的磁場。

9　Cyborg Series #3: Rich Lee is a Grinder（*http://www.notimpossible.com/blog/2015/6/14/cyborg-series-3-rich-lee-is-a-grinder*）

10　Leslie Katz，「Surgically implanted headphones are literally 'in-ear'」（*http://cnet.co/2vm1ooe*），*CNET*，2013 年 6 月 28 日。

Lee 右眼的視力漸漸喪失。他正計畫將他的新系統連接到超音波測距儀（ultrasonic rangefinder），以得到「物體靠近或遠離時聽到低鳴聲的能力」，希望讓他的聽覺更像「蝙蝠」。「這個植入物將讓更多的新感官變得可能」，Lee 說道[11]。

他提到 grinder 社群中的多數人都從有磁性的手指植入物開始，作為一種加入儀式。「你在指尖插入一個生物相容的特殊磁鐵，神經就會在磁鐵周圍再生。之後，每次你的手穿過磁場時，那個磁鐵就會振動，讓你感受到磁場」，他解釋道。「一旦你獲得這個磁性指尖植入物，你就能感知磁場，突然之間你發現有另外一個原本無形的世界存在，而你伸手就能實際感受到它」。他評論這如何讓你開始思考其他你可能無法感知或看見的領域範圍：

> 如果我們能夠看到那些事物，而非只是猜測，那麼人類文明能發展到什麼程度呢？如果你能看到某些東西，那麼你就能獲取有關那些領域的直覺知識。所以，感官提升和擴展對我來說一直都是無須多加考慮的，因為如果你增加你能看到和體驗到的東西，這只會拓展你的觀點，讓你更了解何謂現實，以及你周遭的世界到底像是什麼。我想那就是我們所追求的。

FutureMed 的執行總監和 Singularity University（奇點大學）Medicine and Neuroscience 主席 Daniel Kraft 說道[12]：「我認為思考這的方式之一是『hacking』如何從致能的填缺補短（enabling the disabled）逐漸變為超能的延伸和擴展（super-enabled）」。

Trevor Prideaux（*http://bit.ly/2vsUUUe*），一名生來就無左前臂的英國人，為他的義肢加上了智慧型手機的對接裝配系統，他只需將手臂靠近耳朵就能接打電話。現代「醫學擴增（medical augmentation）」有逐漸興起的趨勢，Kraft 說道，「一般是因為搭上了不斷縮小的裝置、

---

11 同上。

12 Seth Rosenblatt，「Hacking humans: Building a better you」（*http://cnet.co/2unEU1Q*），CNET，2012 年 8 月 21 日。

彼此連接的計算以及大資料的指數成長波潮」[13]。以這些新方法擴增我們的身體真的能讓我們變得超能和超人嗎？

Duke University（杜克大學）新聞和媒體研究（Journalism and Media Studies）學生 Cassie Goldring 評論[14]人類科技延伸的模糊性，並提出了一個我很認同的選擇，她寫道：

> 我們可以選擇將這些科技進展視為人類最終的威脅，或是我們可以將它們視為幫助我們更像人類的裝置。只要我們在這科技發展中維持堅定的人類觀點，並承認這些技術是我們的延伸，而非相反，最後勝出的一定會是我們人類。

以人類為中心的體驗是這第二波 AR 之核心，而這將會包括整合能夠擴充我們自然能力的裝置。我相信 Goldring 相當正確地總結了未來的這些待決議題和可能性，如她說道：「我們不能將像是 Google Glass 之類的裝置看作想成為超人的絕望嘗試，而是要試著發揮身為人類的完整潛能，以新的方式連結我們，最終取得對彼此更深的理解」。

思考你的現實

腦機介面（Brain Computer Interfaces，BCI），能讓你用腦控制電腦的軟硬體系統，提供了連接至我們周圍世界並與之互動的一種新方法。在她 2010 年的 TED 演說中，Emotiv（*http://emotiv.com/*）的 CEO 兼創辦人 Tan Le 說道[15]：

> 我們的願景是將這人類交流的全新領域帶到人機互動中，這麼一來電腦不只可以明白你指示它做的事情，而且也會對臉部表情和情緒體驗做出反應，要這麼做，還有什麼方式比解讀我們大腦這個控制和體驗中心所自然產生的訊號還要更好？

---

13 同上。

14 Cassie Goldring，「Man or Cyborg: Does Google Glass Mark the End of True Humanity?」（*http://bit.ly/2v2WTww*），*Huffpost*，2013 年 7 月 22 日。

15 Tan Le，「A headset that reads your brainwaves」（http://bit.ly/2unwYxF），*TED*，2010 年 7 月。

在 TED 演講中，Le 展示了 Emotiv 的幾個改變生命的應用，例如用
腦控制的電動輪椅。

BCI 能夠複製滑鼠跟鍵盤的功能性，讓你只用你的腦就能點擊圖
示、捲動選單，甚至輸入文字。BCI 已經普遍用於醫療裝置上，
但隨著可穿戴科技越來越受歡迎，供大眾使用的 BCI 可能沒我
們想像的那麼遙遠。身為拓荒前鋒的 Emotiv 和 Interaxon 這些
公司已經將低成本的消費性 BCI 頭戴裝置帶到了市場上，使用
EEG（Electroencephalography，腦電圖）感應器來提供正念療法
（mindfulness）訓練，以增進你的冥想技能，或在工作時提升專注
力。

「我們最初的想法是：如何以你的心智控制世界？」Interaxon 的共
同創辦人 Ariel Garten 說道 [16]。「現在對我們來說更重要的是，讓世
界理解我們並配合你的需求。重點是幫助人們變得更善於做他們想做
的事」。

Neurable 的事業發展副總裁 Michael Thompson 相信，藉由創造就像
我們大腦直接延伸體的電腦，BCI 將會徹底改變我們與個人科技的
關係：

> 我們的願景是建立沒有極限的世界。對 BCI 科技的傳統使
> 用者，也就是有嚴重身心障礙的人，這意味著讓他們能像其
> 他任何人一樣取用科技與其帶來的無盡好處。對人類整體而
> 言，讓我們感到興奮的是這種科技可能促成的想像和創意
> 變革。

Neurable（*http://www.neurable.com*）正在建造用於 AR 和 VR 的腦控
軟體（brain-controlled software）。「在 AR 和 VR 頭戴裝置所開創的
新境地，BCI 將會是革命性科技的下個演化里程碑」，Thompson 說
道。「擴增實境需要腦機介面才能完全發揮其潛能。藉由提供直覺且
解放性的介面，Neurable 破解了『互動問題』」。

---

16 「Mind games」（http://www.macleans.ca/economy/business/mind-games/），
Macleans，2012 年 12 月 19 日。

戴上支援 Neurable 的 HoloLens，你用想的就能「點擊」主畫面上的 YouTube 圖示。YouTube 開啟後，你可以輸入你想找的影片描述。在搜尋結果中，你能夠選擇你想要的影片，點擊播放，最後留下評論。你不用實體鍵盤或手勢就能做到所有的這些事情，僅使用你的大腦來達成。

為了達成這點，目前使用者需要戴上一個 EEG 頭罩，搭配 AR 硬體（像是 HoloLens）。Neurable 的看法是，在不遠的將來，AR 頭戴裝置的製造商會開始在他們的頭戴裝置中放入 EEG 感應器，使硬體完全整合起來，頭罩就不再是必要的了。

Thompson 相信，現有的控制輸入，例如語音或手勢，在特定環境中並不適當，可能限制 AR 的採用率。「對於 AR 的商務用途而言更是如此」，他說道。舉例來說，Neurable 可與 HoloLens 一起用來視覺化正在建造的建築物藍圖，在那裡語音或手勢並不理想。如果建築工人希望 AR 應用程式只顯示藍圖上的電氣線路，由於建築工程的噪音，可能很難使用語音命令，而也很可能沒辦法使用手勢控制，因為他正在操作機具或使用實體工具。Neurable 提供與 AR 互動的另外一種方式，幫助解決這種問題。

Neurable 背後的科學並不像是「讀心（reading your mind）」那麼簡單。「還沒有人知道如何辦到那個」，Thompson 說道。Neurable 運作的方式是提供你選單，然後找出你想要選擇哪個選項。你的選擇僅限於目前顯示在螢幕上的那些。Thompson 解釋道：

> 我們運用的特殊腦波與視覺誘發電位（visually-evoked potentials，VEP）有關。VEP 為使用者呈現滿是圖示的畫面，類似你智慧型手機帶有幾個 apps 的主畫面（home screen）。基於 VEP 的 BCI 快速地施加視覺刺激以讓大腦做出反應。當你想要選擇的圖示受到刺激，你的大腦就會產生 VEP 腦波。我們的系統會偵測那個反應，並將之與你想要選取的項目配對。

Thompson 指出 Neurable 有很大一部分是在做使用者意圖與預測分析。「這適用於平靜科技（calm technology），我們能夠只在我們相信選項和資訊是相關的時候，才將它們顯示出來」，他說道。Thompson 提到使用者可以如何透過對生物特徵資訊有反應的 BCI 來減低他們的認知負荷（cognitive load），只顯示最有關的信息。芬蘭（Finland）的研究人員正在實驗以腦波分析作為內容彙整與呈現（content curation）的方法，就能幫助做到這個。

Helsinki Institute for Information Technology（HIIT，赫爾辛基資訊科技學院）的研究人員展示了我們能夠依據直接從腦部訊號擷取出的相關性來推薦新的資訊。這些研究人員使用 EEG 感應器來監測閱讀 Wikipedia（維基百科）文章時的人腦訊號，結合訓練來解讀 EEG 資料的機器學習模型，辨識出讀者覺得有趣的概念。使用這項技術，研究團隊能夠產生實驗對象閱讀的時候在腦中標示為有趣的關鍵字清單。接著這個資訊被用來預測讀者會認為相關的 Wikipedia 文章。未來，使用這種 EEG 方法的 AR 可幫忙過濾社交媒體的動態消息，或識別出某人會有興趣的內容。

「腦機介面的研究有很多，但通常他們探討的主要領域都是如何發出明確的命令給電腦」，研究人員 Tuukka Ruotsalo 說道[17]。「所以這表示，舉例來說，你希望控制房間的燈照，而你產生明確的模式，你試著明確做出某件事情，然後電腦試圖從大腦讀出那個模式」。

「在我們的研究中，這是自然演化出來的，你單純閱讀，我們不會告訴你要在讀到有趣的字眼時動一下左臂或右臂」，Ruotsalo 說道。「所以，在某個意義上，這純粹是被動式的互動。你只是在閱讀，而電腦就能挑出對你來說有趣或重要的字詞」。

將此程序與 Neurable 結合能夠創造出 AR 的平靜科技體驗，其中你以正常方式做事，科技就會在背景中觸發後續的相關內容。這種科技能夠協助最小化認知負荷，特別是可能會有大量資訊送進來而你得記憶多樣事情的工作。在資訊密集的任務中，這樣的系統能夠幫忙標註重要性，並在之後提醒你去看那些你可能會有興趣的資訊。

---

17 Natasha Lomas，「Researchers use machine learning to pull interest signals from readers' brain waves」（*http://tcrn.ch/2u7O479*），*TechCrunch*，2016 年 12 月 14 日。

「我們已經在數位世界中留下各種軌跡。我們想找過去見過的文件，我們可能保存一些之後想要回頭去看的數位內容，這些全部都能自動記錄下來」，Ruotsalo 說道。「而我們會對不同服務表達各種偏好，不管是給評價或按下『I like this（我喜歡這個）』。現在看起來所有的這些都能從腦中讀出」。

Ruotsalo 指出，從一個人的心智取出有趣訊號的能力也可能有一點反烏托邦（dystopic）的氣息，特別是考慮到你取用內容的過程中，行銷訊息就能依據你的興趣量身打造出來。「所以，換句話說，這種目標式行銷（targeting advertising）真的能夠讀取你的意圖，而非只是偷偷追蹤你點了什麼」，他說道。

Ruotsalo 希望這種科技被用在有正面影響的事情上。「資訊檢索或推薦是某種過濾問題，對吧？所以，我們正在嘗試的是，過濾出最終對你來說有趣或重要的資訊」，他說道。「我想那就是現在最大的問題之一，所有的這些系統，它們只是推送各式各樣我們不一定想要的東西」。

我們引用了平靜科技先驅 Mark Weiser 的話作為本章的開頭，現在讓我們用他的另一個預言來做總結：「二十一世紀的稀有資源將不會是科技，而是注意力」。隨著我們持續以新技術擴增環境、身體和心智，如何將我們的焦點引導到真正重要的事物，將會是關鍵所在，而我希望科技能幫助我們平靜地達成這個目標，而非讓我們分心或以資訊淹沒我們。我們設計科技，反過來，科技也會設計我們。這是我們要設計的現實，以跟我們的人類價值接軌。現在比以往更需要問：我們想要如何活在這個新的擴增世界？

9

創造更多可能性

第一波的擴增實境（Augmented Reality，AR）所問的問題是：「我們能做到這個嗎？」，主要的焦點放在技術上，而非內容或體驗設計。

第二波的 AR 問道：「現在我們知道能做到，那要拿這個科技來做什麼呢？」，強調的重點轉向應用技術為使用者創造有意義的體驗。

隨著 AR 演進，此科技的應用也不斷湧現，展示了 AR 的體驗威能。本章中的某些例子是新的，而其他的則在前幾章中見過。在此，我將它們全部整理為一個 AR 體驗類型清單，列出截至目前為止我在這個領域中識別出的體驗種類，最後指出藝術家和驚奇感能夠如何幫助作為新沉浸式體驗媒介的 AR 創造更多的可能性。

1. AR 作為視覺化體驗 （Visualization Experience）

作為一種視覺化體驗（visualization experience），AR 使型態的轉換變得可能，促成一種暫時與當下分離的「變化前與變化後」狀態。這個類型中的體驗通常都是 *in situ*（*在原處*）進行視覺化，將變換置於情境（context）中，使之更有意義。

這個體驗類型經常被用來描繪未來，然而它也能顯示過去，如 AR 歷史娛樂設施和文化遺跡計畫，像是位在希臘（Greece）Olympia 考古遺址的 Archeoguide（*http://bit.ly/2vwuvG2*）。Archeoguide 視覺化歷史時刻，展現一個地方過去的樣貌。它也能夠描繪未來的狀態，例如為提議或計畫好的建案和房地產建設進行視覺化，顯示建在特定地點的建築物看起來會是怎樣。

AR 的視覺化也適用於零售業和購物體驗。裝潢房屋時你可以在支援 Tango 的手機上使用 Pottery Barn AR 的 3-D Room Designer（*https://youtu.be/4r72wufxihg*）app 預覽未來的傢俱放置後的樣子。使用智慧型手機或店內資訊站，以 Modiface（*http://modiface.com/*）的 Sephora's Virtual Artist（*http://bit.ly/2v2HDiW*）嘗試不同的化妝產品和妝容。甚至是在你的智慧型手機上使用 InkHunter（*http://inkhunter.tattoo/*）這個 AR app 預覽刺青在你身上的樣子。這些 AR 視覺化體驗之所以有意義，是因為它們能夠透過「買前先試用」幫助買家減少事後懊悔的機會。

作為視覺化體驗的 AR 也能夠應用於原本很困難、不舒適或不可能的狀況。我的 AR 立體故事書「Who's Afraid of Bugs?」（*http://bit.ly/2uo63la*，2011）探索如何使用 AR 說故事，協助恐懼症之暴露療法（phobia exposure therapy）。故事中有各種令人毛骨悚然的爬行類會出現在使用者手上，包括一隻 AR 狼蛛（tarantula）。西班牙（Spain）漢姆大學（Universitat Jaume）的研究人員在 2010 年進行的一項治療蟑螂恐懼症的研究[1] 展示了在暴露療法中使用 AR 的有效性，所有實驗參與者都有長足的進展。研究對象從強烈到會干擾他們日常生活的蟑螂恐懼症，進步到能通過像這樣的測試：走進一個房間，把一隻蟑螂困在容器中，然後打開蓋子，把他們的手放到容器中至少幾秒鐘。

1　Cristina Botella、Juani Bretón-López、Soledad Quero、Rosa Baños、Azucena García-Palacios，「Treating Cockroach Phobia With Augmented Reality」（*https://www.ncbi.nlm.nih.gov/pubmed/20569788*），*Behavior Therapy*, 41 no. 3 (2010): 401-413。

AR 可被用來增進改善健康習慣的動機，讓我們看到我們的選擇可能在未來產生什麼後果，並幫助視覺化醫學療程的效果。Modiface 已經應用 Sephora's Virtual Artist 中相同的臉部追蹤與模擬技術來幫助預覽牙科或整形手術可能的結果，並與日本最大的保險公司 Dai-Ichi Life（*http://bit.ly/2vwBi2E*，第一生命保險株式會社）合作建立一個「促進健康」的 app，能夠為使用者呈現照片般擬真的老化、抗老化和體重變動的模擬效果。

2. AR 作為增註體驗 （Annotated Experience）

額外的資訊，也就是文字描述或甚至教學用的圖示，像是箭頭或指標，被用在 AR 中為實體物件和空間增添註解和說明，應用領域跨越了維修、協作、導覽、旅遊和觀光。AR 作為一種增註體驗，為你解說或帶你走過一個事件或場所，不管是透過視覺線索或語音指引。

AR 被用於修理和維護的體驗中，讓你不必查閱實體的說明手冊。例子包括以疊加在現實上的 AR 虛擬層顯示逐步的三維（3-D）虛擬指示，協助你更換印表機的碳粉匣（*http://www.bbc.com/news/business-13262407*）或維修汽車引擎（*http://dailym.ai/2fbNEWU*）。Scope AR 的 WorkLink（*http://www.scopear.com/products/worklink/*）是企業用的內容創建平台，用來將傳統以紙本為基礎的工作說明轉為 AR 增註的指示。使用 WorkLink 撰寫並發行這種 AR 說明手冊並不需要程式設計知識。

作為增註體驗的 AR 也能用於協作。Scope AR（*http://www.scopear.com/*）的 Remote AR 軟體（用於企業，在智慧型手機、平板電腦或 HoloLens 上運行）能夠即時連接遠端的專家和生產線作業員、製造工程師，或現場服務技術人員共同進行某項任務。兩端的使用者都能夠操作擴增的內容，並新增會「鎖定」到技術員工作現場中真實世界物體上的註解。

Microsoft 的 Skype for HoloLens（*https://youtu.be/4QiGYtd3qNI*）提供了不用手的遠端增註協作體驗，不僅限於企業使用，能用於家庭器具的維修，像是安裝電源開關，或修理浴室水槽。這種服務也有助於客戶服務和技術支援體驗，協助消費者維修產品或故障排除。

AR 中的註解也能用於導覽，像是房屋修繕商 Lowe's 以 Tango 為基礎 的 店 內 導 覽 app：Lowe's Vision（*http://www.lowesinnovationlabs. com/instorenavigation*）。這個 app 使用 AR 協助消費者搜尋產品並在他們商場中找出商品位置。指引方向的提示會疊加到真實世界上，引導消費者經由店內最有效率的路徑走向產品所在位置。在此 AR 被用作一種動態的尋路地圖（way-finding，人們在實體空間找尋從一個位置到另一個位置路徑的方法）。

此外，這種體驗類型也適用於旅遊和觀光，感興趣的地點和紀念碑會被識別出來並加以標示，例如使用 Google Lens（*http://tcrn. ch/2v0Dj5B*）的時候，博物館和美術館也是，其中有關藝術作品或手工藝品的額外資訊會被標註上去分享。AR 中的註解不僅限於視覺的，就如我們在第 4 章看過的 Detour app（*https://www.detour.com/*），使用聲音來為地點提供說明資訊。這是以 AR 分享故事和資訊的另一種方式，超越了肉眼所能取用的。

3. AR 作為即時轉譯體驗 （Real Time Translation Experience）

這個 AR 體驗類型幫助你連接並更好地存取原本可能有潛在溝通障礙的周遭環境。這包括了書面文字和口說語言的翻譯，以及手語。

Google Translate（*http://apple.co/2vEYoDX*，Google 翻譯）使用你的智慧型手機來翻譯印刷文字，例如街道路標或菜單，支援 37 種語言，旅行到你不熟悉當地語言的國家時，這可能特別有幫助。像是OrCam（*http://www.orcam.com/*）的輔助裝置使用 AR 來幫助視覺障礙者與他們的周遭互動，朗讀印刷文字給穿戴者聽、識別物體，甚至辨識已知臉孔。另一個應用 UNI（*https://youtu.be/sqAbOZMZp_E*）是由加州（California）新創公司 MotionSavvy 為聽力障礙人士所設計的平板電腦外殼。它使用動作感應器和手勢偵測來將手語轉譯為語音，

然後文字。AR 與輔助科技有非常龐大的潛能和機會使人們的日常生活過得更好，提升每個人的能力。

4. AR 作為魔幻體驗 （Magical Experience）

所有的 AR 體驗應該都要有一種魔幻的感覺，喚起驚奇的感受。當我們覺得 AR 有奇幻感，就會觸發我們的好奇心，激起玩心和探索欲。*Pokémon Go*（*http://www.pokemongo.com/*）是由 Niantic 所開發的位置 AR 遊戲，其中你可以實際探索你周圍的世界，捕捉並訓練魔幻生物，成為了一股國際熱潮。AR 作為一種魔幻體驗並不只限於遊戲。這個類型中的教育性實例包括 Daqri 的 Elements（*http://elements4d.daqri.com/*）木質化學方塊，引發學習興趣。每個方塊面都描繪一種不同的化學符號，代表週期表上的元素，當你將兩個 Elements 方塊擺在一起，就會在 AR 中魔術般地觸發化學反應。

這個類型也有超現實主義（surrealism）的元素，如 AR 書籍和藝術中所見：Camille Scherrer 的「Souvenirs du monde des montagnes」（*https://vimeo.com/1651492*，2009） 以 及 法 國（France）Scène Nationale Albi 的 裝 置 藝 術「Mirages and Miracles」（*https://vimeo.com/209064549*，2017），全都包含現實中原本不存在的富有想像力的夢幻景象。作為一種魔幻體驗的 AR 讓我們知道，我們不需要追求現實的完美重現。AR 能釋放我們的想像力，讓我們進行創意實驗，暫時脫離現實世界的法則。

5. AR 作為多重感官體驗 （Multisensorial Experience）

現實並不只有視覺訊號。藉由像 Adrian Cheok 的數位味覺介面、Ultrahaptics 觸覺科技、Doppler Lab 的 Here One 擴增音訊耳機，以及 oNotes 的數位嗅覺裝置，這些產品或原型，讓我們了解到在 AR 中其他感官也是很重要的。作為一種多重感官體驗的 AR 能夠刺激其他感官來達到更深層的沉浸感。

並非世界上全部的人都具有視力，將 AR 拓展到其他感官對所有人皆有莫大好處。我們在第 4 章觸及「無障礙設計可能對每個人都有影響，而非只是邊緣族群」這個概念，其中 Bill Buxton 的洞察告訴我們這樣做實際是在為所有人進行設計：「如果你能了解高度特殊化的使用者之需求，並據此進行設計，最後你通常就會製作出對每個人都有好處的東西」。

6. AR 作為使用平靜科技的指引體驗
（Directed or Guided Experience）

這與 AR 作為增註體驗的 AR 體驗類型 2 不同，差異在於它整合了觸覺或身體的其他細微線索來進行精確的提示和引導，超越直接顯示在你視覺區域中的文字通知。這種類型的體驗從基於位置的（帶你前往目的地的 No Place Like Home GPS 鞋，*http://dominicwilcox.com/portfolio/gpsshoe/*）到運動和健康指導的（像是 Nadi X 運動緊身褲，*http://wearablex.com/nadix/*）都有，如第 8 章中所見。

平靜科技（calm technology）的目的是幫助你保持專心，僅在需要時出現，盡量減低分心的機會，讓你專注於當下參與的任何活動。隨著科技開始內嵌到我們的衣物中，並且越來越常穿戴在身上，這會是快速成長的領域。設計 AR 體驗時，很重要的是不要增加使用者的認知負擔，讓使用者的注意力根植於現實。

7. AR 作為溝通體驗
（Communication Experience）

要讓 AR 真正成長為大眾媒介，信息的交流必須是多使用者且雙向的。這意味著使用遙現（telepresence）的共存（co-present），以及跨越距離的協作和通訊（如第 6 章中所討論的）。不同於 AR 體驗類型 3，此類型體驗的焦點並非轉譯。

作為一種溝通體驗的 AR 包括遠端協作設計的能力。加拿大娛樂公司 Cirque du Soleil（*https://www.cirquedusoleil.com/*），也是世界上最大的戲劇製作商，已經與 HoloLens 合作設計舞台，並為他們的表演編舞。在使用 HoloLens 之前，很多的時間都花在 Cirque 位於 Montreal（蒙特婁）的攝影棚建造表演舞台。Cirque du Soleil 的創意編導 Chantal Tremblay 說道 [2]：「通常我們得等到表演名單確定，演出人員來到 Montreal 之後，但現在我們不只能看到，甚至還能做出變更」。

使用 AR 跨國際邊界溝通和協作有可能改變生命，甚至能夠拯救生命，特別是在醫療健康領域。Proximie（*http://www.proximie.com/*）的 AR 平台被用於外科手術，在醫護資源不足，手術知識尚在發展的地區進行協作並分享專業知識，特別是在戰區或災區。Proximie 能讓遠端專業人員有手術即時且互動式的體驗，而不用實際在當地。使用 Proximie 平台，不管是在平板、電腦或行動裝置上，你都能在 AR 中登入並與你的外科團隊、外科主治醫師或遠端外科醫師連線。Proximie 已 經 與 Global Smile Foundation、Facing the World、EsSalud Hospital Trujillo、Peru Cleft Program 與 Al Awda Hospital、Gaza 合作，協助外科醫師改變原本無法取得外科醫療資源的人之生命。

AR 也是讓家人跨越距離團聚共享體驗的一種方法，在兩端搭建橋梁，創造出共有的「這裡」。近未來的例子包括 Holoportation（*https://youtu.be/7d59O6cfaM0*），能將人們高品質的 3-D 模型傳輸到任何位置的 3-D 捕捉技術，他們使用 HoloLens 展示了一名父親和他女兒之間的遊玩體驗。這種系統改變了我們創造、儲存、分享和再經歷記憶的方式，具有記錄和重新播放整個共享擴增體驗的能力。如第 7 章中所討論的，個人化的擬真化身（avatars）甚至可能在未來的某一天成為我們的代理人，記住我們是誰，延續我們的個人傳奇。

2　Sean O'Kane，「Cirque du Soleil will use HoloLens to design sets and plan shows」（*http://bit.ly/2vmlSxo*），*The Verge*，2017 年 5 月 11 日。

8. AR 作為超人體驗
（Superhuman Experience）

AR 被用來提供我們之前無法存取、超越我們自然人類能力之外的全新感官範疇。這包括 X 光視覺（HoloLens 與 Case Western Reserve University（*http://case.edu/hololens/*）合作開發的 HoloAnatomy（*https://youtu.be/SKpKlh1-en0*））、熱學視覺（Daqri 的 Thermographer（*http://bit.ly/2vtijoF*））、電磁場觸感（在皮膚底下植入可內嵌裝置的 grinders[3]），甚至是創造新感官知覺，如第 3 章中討論過的，神經科學家 David Eagleman 透過非一般的感官頻道將資訊餵入大腦中的感官替換（sensory substitution）研究。

9. AR 作為即時測量體驗
（Real Time Measurement Experience）

AR 被應用來測量物體的尺寸大小，或以生物特徵資料（biometric data）分析身體反應。例子包括了 Lowe's 的 Vision app（*http://www. lowesinnovationlabs.com/tango/*），以 Tango 為基礎，使用 AR 在你的環境測量物體和空間，協助住家修繕和裝潢。這個體驗類型能夠延伸至人體，其中 AR 會依據即時的生物特徵資訊來觸發，例如心理壓力等級，使用穿戴者的心跳率、發汗量、腦波活動及其他的身體訊號。

Microsoft 的壓力感應器專利「AR help」（*http://www.bbc.com/news/ technology-32736627*）未來可能讓 HoloLens 自動輔助你，無須詢問就能藉由頭戴顯示器呈現有用的內容給你。舉例來說，你可能因為開會遲到而感到很有壓力，軟體能夠交叉比對你的行事曆來確認這點。這個專利指出在這種情況下，頭戴裝置會自動顯示地圖告知你前往開會地點最快速的路徑。

其他的裝置，像是 Muse（*http://www.choosemuse.com/*）頭戴裝置，會監測你的大腦活動，幫助你透過冥想來放鬆。隨著追蹤和監測我們身體狀況的裝置開始連接到 AR 硬體和軟體，我們的 AR 體驗可以變得

3　Liat Clark，「Magnet-implanting DIY biohackers pave the way for mainstream adoption」（*http://www.wired.co.uk/article/diy-biohacking*），*Wired*，2012 年 9 月 4 日。

更加個人化，而且與我們目前的狀態和情況密切相關，在工作場所和家裡都能提供幫助。

10. AR 作為你自訂的高度個人化體驗（Highly Personalized Experience That You Customize）

你的需求和你的情境在 AR 中創建了你的個人化現實，這些體驗是由你所創造，並為你所獨有。在這個體驗類型中，你就是你擴增環境的導演，由你來定義。AR 體驗類型 9（AR 作為即時測量體驗）中的生物特徵實例就是這樣做的方式之一。其他例子包括 Doppler Labs 的 Here One 擴增音訊耳機（*https://hereplus.me/*），你可以用它來調整某個空間的個人聽覺體驗，例如在飛機上、餐廳中，或街角，而像是 Valentin Heun's Reality Editor（*http://www.realityeditor.org/*）的應用程式則能讓你連接和操作物體的功能性，自訂為你希望它們運作的方式。這是你創造的現實。

藝術家與驚奇

讓作為新體驗媒介的 AR 持續發展的方法之一是不要讓這個責任（和樂趣）僅限於電腦科學家和工程師。藝術家兼工程師 Golan Levin 指出，藝術家很早就有為當今許多科技設計原型的歷史。想要躍進到未來，Levin 鼓吹尋找藝術家參與新技術的發展工作。

他寫道[4]：「作為新媒體藝術的偶然使者，我發現我越來越常向人指出，如今一些最普遍及最受歡迎的技術最初都是由新媒體藝術家在多年前構思和設計的」。Levin 引用了 Google Street View（*https://www.google.com/streetview/*）和 Google Earth（*https://www.google.ca/earth/*）為例。

4　「New Media Artworks: Prequels to Everyday Life」，（*http://www.flong.com/blog/2009/new-media-artworks-prequels-to-everyday-life/*），2009 年 7 月 19 日。

藝術家 Michael Naimark 之作品 *Aspen Movie Map*（1978–1980），能讓使用者互動式地探索與導覽科羅拉多州亞斯本（Aspen, Colorado）的街道全景，其核心概念在四十年之後仍然留存於世界上，在 Google 廣被使用的 Street View 服務（街景服務，2007 年推出的）中。1996 年，德國的一個新媒體藝術與科技團體 Art+Com，開發了 Terravision（*https://artcom.de/en/project/terravision/*），這是基於衛星影像、空拍照片、海拔數據，以及建築資料所做成的網路虛擬地球體驗，能讓使用者流暢地縱覽地圖，從地球的整體概觀到極端詳細的物體和建築物都有。「讓你飛越地球，觀看衛星影像、地圖、地形、3-D 建築物，從外太空的銀河系到海洋中的峽谷，無所不包」的 Google Earth 原本叫做 Earth Viewer，是 2001 年由 Keyhole Inc. 所創建，這是 2004 年被 Google 併購的一家公司。Terravision 與 Google Earth 之間的一個重大差異是，Google Earth 整合了使用者產生的地圖註解，能讓使用者儲存和分享他們最愛的地點。Levin 寫道：

> 在某些實例中，我們可以挑出特定人士原創藝術靈感明確無誤的特徵，領先他們的時代幾十年，釋出到了這個世界中，當時甚至被否定，被視為是無用或不切實際，這些想法經歷了複雜的影響連鎖效應和再解讀，在好幾代的電腦之後，被吸收到了文化中，成為生活中常見的產品。

Levin 強調了將藝術家納入新科技研究團隊中的重要性，如 Xerox PARC、MIT Media Laboratory 和 Atari Research Lab 所做的那樣，這裡僅列出少數幾個例子。他指出藝術家如何提出原本不會被想到的新穎問題。要彈躍至未來，Levin 相信讓藝術家也幫忙探索科技對社會的影響和體驗的可能性，是必要的。他評論一開始是藝術性和猜測性的實驗，很有可能會成為不可或缺的工具。

在 AR 這種新興科技的早期階段中，藝術家的角色比想像中更為重要，如 Levin 觀察到的，這種藝術性的探索不僅帶來了普及的科技，對於了解這種新興科技的社會和文化進展與衝擊，也有很大的價值。

我相信藝術家應該扮演驚奇操縱者（wonderment operators）。他們是有魔法的織幻師，將日常生活片段編織為令人驚嘆的現實與未來。作為途徑、管道和轉譯者，他們幫助我們以新的眼睛觀看世界。藝術家的角色觀察、產生共鳴，並將那些東西反映回這個世界，呈現存在、感受、聆聽和觀賞的他種方式。對我而言，這就是創新（innovation）的定義，也是在 AR 中尋求藝術性探索的另一個理由。

我希望 AR 能延續其傳統，提升驚奇感受，並以新的方式擴充我們的想像力，觸發世界和人類整體的正面變化。AR 做到這點的方法之一是作為一種強大的視覺化媒介。親眼看見尚未成真的不同現實能夠激起我們迎接並讚揚新可能性的意願，進一步拓展我們的意識，追求更美好的人性，推動對許多人都有益處的改變。讓我們將此當作共同的目標和承諾，為了最好的技術和最佳的人性進行設計。

索引

※ 提醒您：由於翻譯書排版的關係，部份索引名詞的對應頁碼會和實際頁碼有一頁之差。

關於作者

Helen Papagiannis 博士是國際上公認的擴增實境（Augmented Reality，AR）專家。作為研究人員、設計師和科技傳道者，她在這個領域耕耘了超過十年。她是 Infinity Augmented Reality Inc.（New York 與 Tel Aviv）的前任首席創新官（Chief Innovation Officer），並且是加拿大多倫多約克大學（York University）擴增實境實驗室（Augmented Reality Lab）的資深助理研究員。Papagiannis 博士的演說與展覽遍及 TEDx（Technology, Entertainment, Design）、ISMAR（International Society for Mixed and Augmented Reality），以及 ISEA（International Symposium for Electronic Art）。她 2011 年的 TEDx 演講被評為 AR 領域的前十大演說。2016 年，她入圍著名的 World Technology Award。進入 AR 領域前，Papagiannis 博士曾是 Bruce Mau Design 的成員，主導「Massive Change: The Future of Global Design」計畫，這是一個開創性的展覽，也是暢銷書籍（Phaidon，2004 年出版），展示並介紹改變世界的新發明和技術。

出版紀事

封面圖案取自美國專利局公共領域的第 68,789 號專利，W. F. Quinby 的 Flying Apparatus。

擴增人類｜科技如何塑造新現實

作　　者：Helen Papagiannis
譯　　者：黃銘偉
企劃編輯：蔡彤孟
文字編輯：江雅鈴
設計裝幀：陶相騰
發 行 人：廖文良

發 行 所：碁峰資訊股份有限公司
地　　址：台北市南港區三重路 66 號 7 樓之 6
電　　話：(02)2788-2408
傳　　真：(02)8192-4433
網　　站：www.gotop.com.tw
書　　號：A555
版　　次：2018 年 02 月初版
建議售價：NT$300

國家圖書館出版品預行編目資料

擴增人類：科技如何塑造新現實 / Helen Papagiannis 原
　　著；黃銘偉譯. -- 初版. -- 臺北市：碁峰資訊, 2018.02
　　面；　　公分
　　譯自：Augmented Human
　　ISBN 978-986-476-720-5(平裝)
　　1.虛擬實境
312.8　　　　　　　　　　　　　　　　107000495

讀者服務

● 感謝您購買碁峰圖書，如果您
　對本書的內容或表達上有不清
　楚的地方或其他建議，請至碁
　峰網站：「聯絡我們」\「圖書問
　題」留下您所購買之書籍及問
　題。(請註明購買書籍之書號及
　書名，以及問題頁數，以便能
　儘快為您處理)
　http://www.gotop.com.tw

● 售後服務僅限書籍本身內容，
　若是軟、硬體問題，請您直接
　與軟體廠商聯絡。

● 若於購買書籍後發現有破損、
　缺頁、裝訂錯誤之問題，請直
　接將書寄回更換，並註明您的
　姓名、連絡電話及地址，將有
　專人與您連絡補寄商品。

● 歡迎至碁峰購物網
　http://shopping.gotop.com.tw
　選購所需產品。